LES

TRAVAUX SOUTERRAINS

DE PARIS

PARIS. — IMPRIMERIE SIMON RAÇON ET COMPAGNIE, RUE D'ERFURTH, 1.

LES

TRAVAUX SOUTERRAINS DE PARIS

II

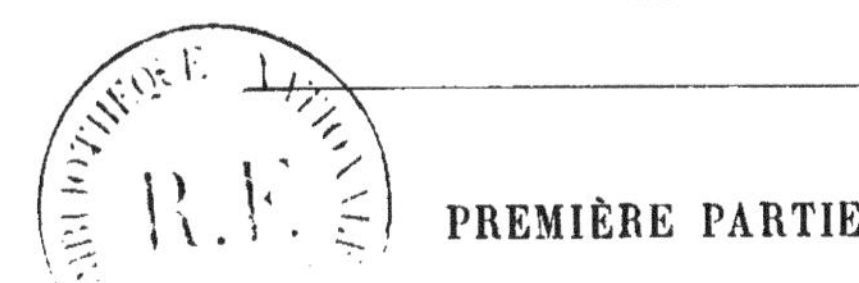

PREMIÈRE PARTIE

LES EAUX

INTRODUCTION

LES AQUEDUCS ROMAINS

PAR

M. BELGRAND

MEMBRE DE L'INSTITUT
INSPECTEUR GÉNÉRAL DES PONTS ET CHAUSSÉES
DIRECTEUR DES EAUX ET DES ÉGOUTS DE PARIS

1

PARIS
DUNOD, ÉDITEUR
LIBRAIRE DES CORPS DES PONTS ET CHAUSSÉES, DES MINES ET DES TÉLÉGRAPHES
49, QUAI DES AUGUSTINS, 49

1875

LES

TRAVAUX SOUTERRAINS

DE PARIS

INTRODUCTION

Jusqu'à la fin du premier tiers de ce siècle, la distribution d'eau de Paris était une imitation de la distribution d'eau antique.

C'était le même faisceau de petites conduites, reliant le château d'eau du quartier aux propriétés des usagers; c'était l'écoulement continu, le filet d'eau alimentant nuit et jour la fontaine du concessionnaire privilégié; c'était la fontaine publique réservée pour les besoins du peuple; tout, jusqu'à la section piriforme du tuyau de plomb, était d'importation romaine.

Les anciens aqueducs de Belleville, des prés Saint-Gervais, d'Arcueil, étaient des diminutifs des aqueducs romains. Plus tard, sans doute, les pompes de la Samaritaine, du pont Notre-Dame, et, vers la fin du dix-huitième siècle, les pompes à feu de Chaillot et du Gros-Caillou, modifièrent radicalement le système d'alimentation de la ville. Était-ce un progrès? Il est permis d'en douter, aujourd'hui surtout, car l'eau de nos rivières se corrompt à vue d'œil, au fur et à mesure que la puissance humaine grandit par le développement de l'industrie. Aussi l'on revient, partout où c'est possible, à l'aqueduc, en substituant l'action de la gravité à celle des machines; partout l'on recherche ces eaux fraîches et limpides, *splendore et rigore gratissimæ*, si réputées chez les Romains; on commence à comprendre, comme eux, que les eaux de rivière doivent être réservées aux usages vils, *fœdis ministeriis*, comme dit Frontin, au lavage et à l'arrosage des rues et des parcs, aux lavoirs, aux besoins de l'industrie, à l'alimentation des pièces d'eau et des fontaines monumentales, mais que la maison doit recevoir des eaux pures, exemptes de toute souillure, en un mot, des eaux de sources n'ayant jamais vu le jour avant de paraître sur la table ou dans le cabinet de toilette du consommateur. Nous reconnaissons qu'il n'est pas plus rationnel de marchander l'eau agréable à l'ouvrier, que l'air pur et le bon pain.

Ce retour aux idées romaines, en ce qui concerne le choix et le mode de dérivation des eaux destinées aux usages domestiques, me paraît très-remarquable : depuis la construction de l'aqueduc d'Arcueil, c'est-à-dire depuis le commencement du règne de Louis XIII, on avait totalement abandonné ce système d'alimentation, en conservant le mode de distribution, le château d'eau et le faisceau des petites conduites privées; aujourd'hui on y revient, après avoir, au contraire, renoncé entièrement au vieux système de distribution d'eau.

Cette oscillation des idées modernes est une conséquence logique du développement de la richesse publique, de la science et de l'industrie. Au fur et à mesure que les moyens d'action s'agrandissent, on revient à ce qu'il y avait de simple et de juste dans le système romain, et, au prix des plus grands sacrifices, on n'hésite pas à aller chercher l'eau, là où elle est à l'abri de tout soupçon; on a reconnu, d'ailleurs, que lorsqu'on agissait sur de grandes masses, ce mode d'alimentation était souvent le plus économique. On a, au contraire, abandonné le mode de distribution intérieure des anciens, qui ne se justifiait que par l'état peu avancé de leur industrie métallurgique et de la science de l'hydraulique. Ce qui était très-rationnel dans la Rome d'Auguste serait absurde dans le Paris du dix-neuvième siècle; on s'est donc débarrassé de ces vieilles contre-façons des Romains, en revenant à ce qu'il y avait de réellement bon et de grand dans leur système de dérivation.

C'est pour cela qu'il me paraît naturel de commencer l'histoire des travaux d'assainissement de Paris par une étude du système d'assainissement des villes antiques, et notamment de Rome. Cette introduction ne sera pas un nouveau *commentaire* des Commentaires de Frontin; je chercherai à éclairer quelques points de l'histoire des distributions d'eau qui sont restés obscurs jusqu'ici, soit parce que les savants écrivains, qui ont traité cette matière, ont un peu négligé le côté purement technique, soit surtout parce que ces questions sont du domaine de la science moderne, dont les historiens des aqueducs les plus estimés, tels que Fabretti, Poleni, Alberto Cassio, etc., n'avaient aucune idée.

L'eau n'est pas seulement utile pour les besoins domestiques; c'est aussi l'agent d'assainissement le plus puissant, et surtout le plus économique; vainement, dans ces dernières années, on a cherché à la remplacer, à ce point de vue, par des agents chimiques plus énergiques, le chlore, les sels métalliques, etc. Ces agents, utiles dans certains cas spéciaux, sont eux-mêmes une cause, sinon d'insalubrité, au moins d'incommodité; après des tâtonnements plus ou moins malheureux, on reconnaît partout que rien ne peut remplacer l'eau distribuée sur une large échelle, ou, pour mieux rendre ma pensée, l'eau gaspillée; car c'est surtout par le gaspillage que l'eau devient un utile agent d'assainissement. Dans une maison où l'on ne dépenserait que l'eau strictement nécessaire à la boisson, à la cuisine, à la toilette et aux autres usages domestiques, on ne laverait pas suffisamment les tuyaux de descente, les ruisseaux des cours, les égouts, et des odeurs fétides ne tarderaient pas à se répandre à l'intérieur. C'est ce qu'on constate toutes les fois qu'une administration municipale est forcée, par mesure d'économie, d'exercer une surveillance plus active sur la consommation de l'eau.

L'entretien des égouts et des latrines se lie aussi intimement à la distribution de l'eau; il constitue l'assainissement d'une ville et atteint son dernier degré de perfection aux époques où l'on arrive à l'abus de l'eau, où les administrations municipales n'ont plus qu'à veiller à la régularité de la distribution, sans s'inquiéter du chiffre de la consommation. Aussi l'on constate toujours que les villes parvenues à un haut état de prospérité financière, n'hésitent pas à employer une part considérable de leurs ressources pour s'assurer une large distribution d'eau.

La distribution d'eau d'une grande ville, comme Paris, se divise donc en deux parties, l'une destinée aux usages domestiques, qui ne doit puiser qu'à des sources irréprochables, l'autre, réservée pour l'assainissement, qui utilise les eaux les plus économiques, la plupart du temps celles de la rivière la plus voisine. Lorsqu'on dérive des sources pour les usages domestiques, il est bien rare qu'on n'ait pas recours au système des Romains, à l'action de la gravité; au contraire, pour utiliser le cours d'une rivière, il faut, dans la plupart des cas, agir par des moyens dont les anciens ne faisaient guère usage, par des pompes et des machines.

Ainsi je n'ai nullement l'intention de discuter, pour la centième fois, des questions qui ne seront jamais résolues. Il est probable que ceux qui liront ce livre ne tiendront nullement à savoir si la célèbre eau Marcia a été introduite à Rome par le roi Ancus-Marcius en l'an 127 de la fondation de la ville, ou par le préteur Q. Marcius Rex, en l'an 608. Je ne m'établirai pas juge entre Pline le naturaliste, qui soutient la première thèse, et Frontin, qui la considère comme une fable et défend la seconde. L'opinion de Pline serait médiocrement justifiée à mes yeux par cette boutade d'une lettre d'Ermolao Barberigo à Pic de la Mirandole : « *Censetur indoctus qui Plinium non legit; indoctior qui lectum contemnit; indoctissimus cui non sapit.* » Malgré tout le respect qu'on doit au plus savant des Romains, il est permis aujourd'hui d'avoir des doutes sur l'existence des hommes sans tête, de tant d'autres merveilles dont il admet l'existence avec une si singulière crédulité, et même sur l'origine qu'il attribue à l'eau Marcia.

Je discuterai encore moins l'opinion d'Alberto Cassio, auteur très-estimé d'un livre sur les aqueducs romains, publié en 1756, qui attribue aux hébreux l'invention des aqueducs; selon lui, le roi Ancus-Marcius, pour construire Marcia, se serait inspiré de travaux similaires exécutés à Jérusalem. Il existait très-certainement des aqueducs, dans cette dernière ville, du temps de Salomon; mais il est bien permis de douter que le roi romain, même en admettant qu'il soit l'auteur de Marcia, ait eu connaissance des travaux du roi israélite.

Toutes ces questions, très-intéressantes pour ceux qui s'occupent d'archéologie, ne touchent pas autant l'ingénieur qui, surtout, profite terre-à-terre des progrès de la science. C'est ce progrès que je chercherai à suivre dans les textes toujours trop courts et au milieu des erreurs sans nombre des auteurs romains, erreurs que justifie tout naturellement l'état peu avancé de l'hydraulique dans ces temps anciens.

Les vagues notions qu'on pourrait trouver dans l'histoire, sur l'usage de l'eau chez les nations que les Grecs et les Romains considéraient comme barbares, ne seraient ici d'aucun intérêt.

Il paraît cependant que c'est en Syrie, puis chez les Perses, nations voluptueuses, que l'usage des bains chauds se développa d'abord.

Plutarque rapporte qu'Alexandre fut frappé d'admiration en voyant les thermes de Darius; et cependant, à cette époque, la Grèce et la Macédoine étaient déjà très-bien partagées sous ce rapport. Alexandre lui-même, au dire de Strabon, faisait grand usage des bains chauds.

Je ne parlerai donc que des distributions d'eau des trois peuples que nous considérons avec raison, comme les auteurs de notre civilisation, les Égyptiens, les Grecs et les Romains.

DES

DISTRIBUTIONS D'EAU EN ÉGYPTE ET EN GRÈCE

ÉGYPTE

Quoique le résultat de cette étude soit négatif, et qu'on n'ait jamais fait de distribution d'eau dans une ville égyptienne, j'ai dû donner un certain développement à ce chapitre.

Les travaux d'irrigation de l'Égypte remontent à la plus haute antiquité et excitent encore l'admiration de tous ceux qui les visitent. L'aménagement et la distribution des eaux du Nil, par des canaux découverts, n'ont jamais été surpassés ailleurs. On se demande donc pourquoi, dans ce même pays, on ne trouve pas de traces d'aqueducs, c'est-à-dire de canaux maçonnés et couverts, destinés à conduire l'eau nécessaire aux besoins municipaux et aux usages domestiques, aux points des villes assez élevés pour que cette eau soit ensuite répartie dans toutes les rues par l'action de la gravité. Je crois en avoir trouvé la raison : même aujourd'hui, malgré les progrès très-réels de l'art de l'ingénieur, il serait impossible de construire, dans ce pays, un aqueduc voûté conduisant l'eau par l'action de la gravité.

Un canal découvert, surtout lorsqu'il est destiné à l'irrigation ou à la navigation, peut dériver de grandes quantités d'eau avec des pentes très-faibles : ainsi, par exemple, un canal de 10 *mètres de largeur moyenne et de 2 mètres de profondeur*, est un ouvrage fort ordinaire ; avec une pente de 0^{m},02 par kilomètre, il peut débiter un volume d'eau considérable, 1 mètre cube par seconde ; ce débit suffit à l'alimentation d'une ville de 432000 habitants, à raison de 200 litres par tête et par jour ; la vitesse de l'eau est faible, elle ne dépasse pas 0^{m},05 par seconde, et le canal s'envase si l'eau est limoneuse ; mais il est facile de le nettoyer au moyen de la drague. C'est ainsi qu'est nettoyé le canal de l'Ourcq, qui alimente Paris ; le curage est fait à la fin de chaque hiver sans que le service soit interrompu ; un tel canal est d'un mauvais usage, surtout dans un pays chaud comme l'Égypte ; pendant les dragages, l'eau devient très-mauvaise.

Un aqueduc comme celui de la Vanne, *de 2 mètres de diamètre*, est un très-grand ouvrage, il n'en a même pas été construit de plus grand ; en supposant un tel aqueduc entièrement rempli, il ne peut débiter avec une pente de 0^{m},02 par kilomètre, que 63 litres d'eau par seconde, quantité insuffisante pour les besoins d'une grande ville : de plus, la vitesse de l'eau est réduite à 0^{m},02, et l'aqueduc s'envase. Il est donc nécessaire d'interrompre le service de temps à autre, pour opérer des nettoyages, opération d'autant plus difficile, qu'elle ne peut être faite qu'à bras d'homme, et en transportant souterrainement les vases à d'assez grandes distances.

J'ai été conduit par tâtonnement à reconnaître, qu'un grand aqueduc maçonné et voûté, pour ne pas s'envaser, devait avoir au moins une pente de 0^{m},10 par kilomètre. Mais avec leurs moyens de nivellement très-imparfaits, les anciens ne pouvaient faire un tracé avec une pente régulière aussi faible. Je ne pense pas que la pente kilométrique des aqueducs anciens ait jamais été moindre que 0^{m},50 ; c'est une limite que j'ai trouvée en étudiant les ruines de l'aqueduc de Sens. Il y a quarante ans, au début de ma carrière, on considérait une pente kilométrique de $0^m,30$, comme une limite qu'il n'était pas prudent de franchir, dans le tracé des aqueducs.

Le tracé des canaux à faible pente est au contraire très-facile. Nous ne connaissons pas le procédé des anciens, mais celui dont nos paysans font usage a pu être pratiqué dans tous les temps ; ils creusent les rigoles d'irrigation de leurs prairies, en se faisant suivre par l'eau ; c'est l'eau qui règle ainsi le niveau du canal.

Les anciens ont donc tracé des canaux à très-faible pente ; il n'est pas moins certain qu'ils n'ont jamais tracé un aqueduc avec la pente limite indiquée ci-dessus ; pour démontrer qu'il n'a jamais été possible autrefois, qu'il n'est pas possible même aujourd'hui, d'exécuter des ouvrages de ce genre en Égypte, il suffit donc de prouver qu'on ne pourrait leur donner une pente kilométrique de $0^m,10$. Je pouvais trouver les éléments d'une démonstration dans des faits connus, mais le hasard a mis entre mes mains des documents plus complets, et en outre très-intéressants.

Un savant de mes amis, M. Delanoüe, dont nous déplorons la perte récente, obligé de se rendre en Égypte pour rétablir sa santé déjà ébranlée, se chargea d'un questionnaire sur le régime des eaux de ce pays. Il me rapporta, en 1872, d'excellentes données numériques qu'il devait à M. Linant-Bey, ingénieur très-distingué et bien connu par les travaux qu'il a exécutés en Égypte. C'est au moyen de ces documents que j'ai rédigé cette partie de mon ouvrage.

On admet généralement qu'il ne pleut pas en Égypte ; c'est une erreur : tous les deux ou trois ans, quelquefois tous les dix ans, il tombe d'énormes pluies d'orage. Alors des vallées habituellement sèches, sont sillonnées par des torrents, qui coulent quelques heures à peine. M. Delanoüe a eu la chance de voir, le 28 mars 1872, « plusieurs de ces affluents improvisés tomber en cataractes dans le Nil, alors très-bas, » notamment dans l'Ouari-Sannour ou Sénour, près de Béni-Souef. Mais, on le comprend sans peine, ces écoulements éphémères ne constituent pas de véritables cours d'eau. En réalité, le premier affluent du Nil, qu'on rencontre en remontant son cours, est l'Atbara; le débouché de cet affluent est à une très-grande distance de la mer; on compte, en effet :

	KILOMÈTRES
De la mer au nilomètre du Caire par la branche de Damiette.	280
Du nilomètre à Assouan (Syène).	922
D'Assouan au débouché de l'Atbara.	1 525
Longueur du Nil, depuis le débouché du premier affluent, l'Atbara, jusqu'à la mer.	2 787

En remontant le Nil par la branche de Ratelle, on trouve pour la longueur de cette branche, jusqu'au nilomètre, 236 kilomètres, et pour la distance de l'Atbara à la mer, 2 743 kilomètres.

Non-seulement les affluents manquent sur cette grande longueur du fleuve, mais encore, d'après M. Linant-Bey, les sources elles-mêmes font défaut sur une longueur de 1 202 kilomètres, entre Assouan et la mer; très-probablement il en est de même entre Assouan et l'Atbara, car la pluie n'y est pas moins rare que dans la basse et dans la moyenne Égypte. Les nappes d'eau souterraines elles-mêmes s'alimentent donc dans le fleuve, et par conséquent s'abaissent à mesure qu'elles s'en éloignent. C'est le contraire de ce qui a lieu dans la plupart des vallées : le niveau des nappes d'eau souterraines s'élève à mesure qu'on s'éloigne des cours d'eau, même dans les terrains entièrement perméables, où leur pente est énorme. Il arrive souvent qu'à une très-petite distance d'une rivière, on trouve dans une vallée secondaire entièrement perméable, une très-belle source à un niveau beaucoup plus élevé que cette rivière. Cette grande pente des nappes d'eau facilite beaucoup les travaux, et c'est toujours dans les vallées secondaires et non dans les vallées principales, qu'on va chercher l'eau d'une dérivation; de cette manière, on abrége considérablement la longueur des aqueducs. Ainsi, pour trouver, dans la vallée même de la Marne, une source qui arrive à Paris à l'altitude 108, comme la Dhuis, et avec les mêmes pentes, il aurait fallu remonter jusqu'aux grandes sources des fonds de vallées des terrains oolithiques; la longueur de l'aqueduc aurait été augmentée de 130 kilomètres, c'est-à-dire doublée; la pente aurait donc été doublée également, et l'altitude au départ aurait été de 148 mètres au lieu de 128.

De même, pour trouver dans la vallée de l'Yonne, des sources aboutissant au réservoir de *Montrouge*, à l'altitude 80, comme celles de la vallée de la Vanne, il aurait fallu remonter jusqu'au delà d'Auxerre, vers les sources de Belombre; on aurait allongé l'aqueduc de 71 kilomètres, d'environ moitié; la pente aurait été augmentée dans la même proportion, et l'altitude de départ aurait été de 119 mètres au lieu de 105^m,70.

Les affluents faisant absolument défaut en Égypte, les nappes d'eau s'alimentant dans le Nil, et par conséquent s'abaissant à mesure qu'elles s'en éloignent, un aqueduc, destiné à l'alimentation d'une ville, doit nécessairement puiser son eau dans le fleuve.

Pour démontrer qu'aucun aqueduc de dérivation n'a pu être construit en Égypte, il suffit donc de prouver qu'un ouvrage de ce genre ne peut puiser son eau dans le Nil.

Voici les pentes de ce fleuve qui me sont données par M. Linant-Bey :

		LONGUEUR EN KILOMÈTRES.	PENTE TOTALE.		PENTE KILOMÉTRIQUE.	
De la mer au nilomètre. . . .	Branche de Ratelle	256	hautes eaux..	21,78	hautes eaux.	0,0923
			basses eaux..	14,08	basses eaux.	0,0596
	Branche de Damiette	280	hautes eaux..	21,78	hautes eaux.	0,0777
			basses eaux..	14,08	basses eaux.	0,0505
Du nilomètre à Assouan.		922	. . . . . .	104,74	. . . . . .	0,1136
De là à l'Atbara (la pente des cataractes comprise).		1 585	. . . . . .	193,37	. . . . . .	0,122

Les pentes kilométriques sont très-fortes, surtout celles qui s'approchent de la mer. Il est rare qu'un grand fleuve, qui coule dans une plaine, ait plus de 1 à 2 centimètres de pente par kilomètre, sur les deux ou trois cents derniers kilomètres de son cours.

Néanmoins la pente minimum d'un aqueduc étant de $0^m,10$ par kilomètre, il résulte de la simple inspection du tableau, qu'un ouvrage de ce genre ne peut être construit, dans la basse Égypte, entre le nilomètre et la mer.

Entre Assouan et le nilomètre, on gagnerait $1^m,36$ par 100 kilomètres, soit pour 922 kilomètres, $12^m,54$. On obtiendrait sans doute quelques mètres de plus et surtout l'on sortirait plus tôt du champ des crues, en partant du sommet des cataractes. Mais quelle entreprise colossale! est-il un seul ingénieur qui, aujourd'hui même, oserait l'entreprendre?

Les anciens, avec leur pente minimum de $0^m,50$ par kilomètre, étaient donc dans l'impossibilité de construire un aqueduc en Égypte.

Ces indications théoriques sont confirmées par les faits : « On ne trouve, dit M. Linant-Bey, aucune trace d'aqueduc en Égypte, ni plus haut, en Nubie, mais toujours des canaux à ciel ouvert...»

Il était intéressant de savoir s'il n'existait pas dans la haute Égypte, un cours d'eau quelconque constamment limpide, *le Nil bleu, par exemple,* qui aurait pu alimenter un aqueduc sans l'envaser. Voici les réponses de M. Linant-Bey à diverses questions relatives à ce sujet.

« L'air est très-sec depuis Thèbes jusqu'à Berber, un peu au nord de l'Atbara. Les orages qui amènent les pluies en Abyssinie, proviennent tous de la mer des Indes. Alors les pluies tombent à torrent sur les montagnes, puis plus tard à Sennan, ensuite à Kartoum et enfin jusqu'à l'Atbara, mais en bien moindre quantité.

« Les pluies qui tombent au nord des montagnes d'Abyssinie, c'est-à-dire au nord du 9e ou 10e degré de latitude nord, ne font qu'entretenir les crues, qui ont toujours leur origine dans ces montagnes.

« Le *Nil Bleu* ou *Bahr-el-Assrak* est le premier à augmenter; ensuite le *Rhahad* et le *Dinden*, deux de ses affluents; puis le

Mogranne ou *Atbara*, réunion du *Tacassé* et d'une partie du *Gach*. Avant le commencement des pluies, le Nil Bleu est limpide, le Dinden et le Rhahad sont à sec. L'Atbara est réduit à un petit filet d'eau, ayant à peine 6 centimètres de profondeur sur 4 à 5 mètres de largeur, et même souvent est à sec en mars et avril. Un autre cours d'eau, le Toumat, qui vient du S.-S.-O. et tombe dans le fleuve Bleu au-dessus de Sennan, à Fazoglo, est également à sec. Lorsqu'il entre en crue, ses eaux sont rougeâtres et donnent cette couleur au fleuve Bleu.

« Tous ces cours d'eau sont très-chargés de troubles, de limon et de saletés, pendant les crues, surtout l'Atbara, dont le cours est très-rapide et qui charrie de la boue plutôt que de l'eau.

« Le Nil Blanc n'est jamais limpide, ni jamais non plus chargé de limon comme le fleuve Bleu. Quand ses eaux sont basses, elles sont blanchâtres, à peu près comme si on les avait troublées avec du savon ou du son. C'est ce qui lui a fait donner le nom de fleuve Blanc, *Bahr-el-Abiad*. Pendant les hautes eaux, non-seulement il est moins limoneux que le Nil Bleu, il est encore beaucoup moins rapide.

« Les affluents du Nil Bleu, jusqu'à Fazoglo, étant à sec pendant l'été, ne sont par conséquent alimentés que par des pluies et non par des sources. Quant au fleuve Bleu lui-même, ce sont probablement des sources coulant dans le lac Zana ou Dembra, qui l'alimentent, lorsque la saison des pluies est passée. »

M. Linant-Bey fait observer que le fleuve Blanc, qui probablement, en temps de basses eaux, est aussi alimenté par des sources, traverse de grands bois et des marais remplis de roseaux, dans lesquels il dépose ses limons en temps de crue. La différence de limpidité des deux fleuves, en temps de basses eaux, tient à ce que le fleuve Blanc traverse d'immenses plaines calcaires ou argileuses, depuis un point situé en amont du Pobot, tandis que le fleuve Bleu coule dans un lit de rochers jusqu'à Fazoglo.

Il résulte de ces réponses si nettes à mon questionnaire, que jamais les industrieux habitants de la vallée du Nil n'ont pu, ni

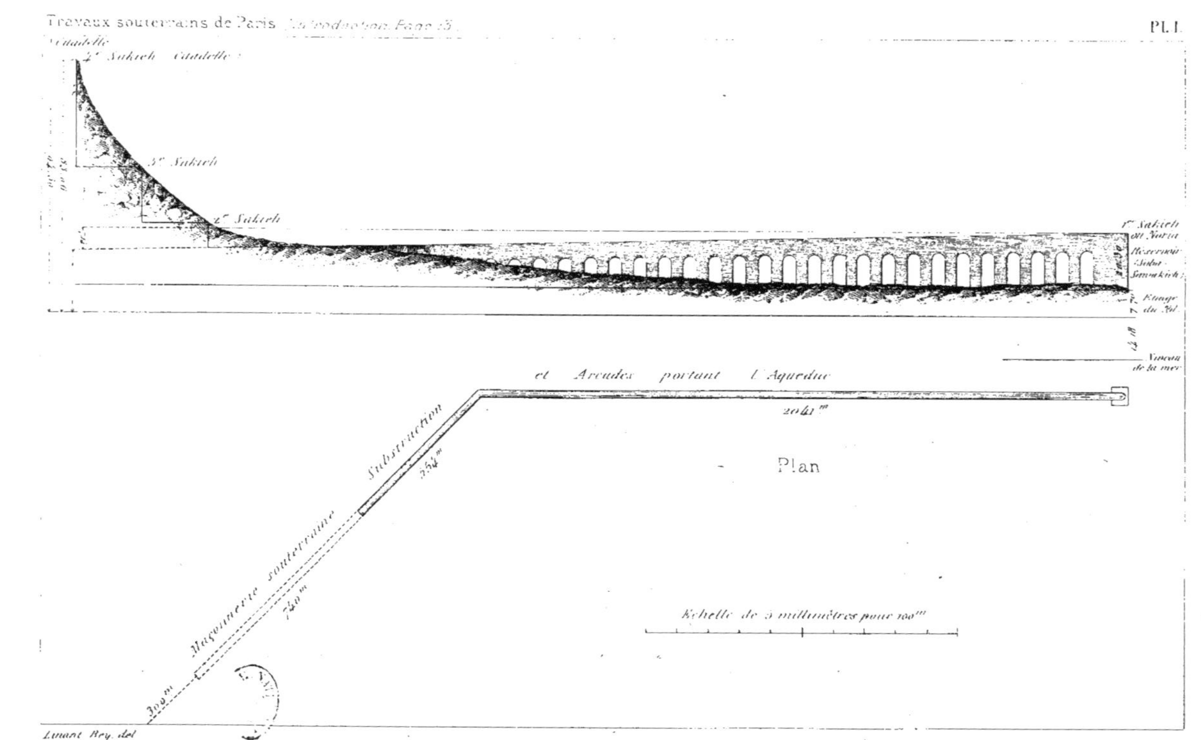

PLAN ET ÉLÉVATION DE L'AQUEDUC DE LA CITADELLE DU KAIRE.
Construit par Salah Eddin (Saladin.)

dans l'origine de leur civilisation, ni pendant la domination romaine, ni pendant la domination arabe, construire un aqueduc destiné à distribuer l'eau dans leurs célèbres cités : avant la saison des pluies, les affluents du Nil Bleu sont à sec; le Nil Blanc n'est jamais limpide et le Nil Bleu ne satisfait à cette condition que pendant la moitié de l'année; au-dessus de l'Atbara sur 2 780 kilomètres, le fleuve manque de pente et n'a ni sources, ni affluents. Ils ont toujours puisé l'eau du fleuve au-dessous du sol, dans les nappes souterraines où elle se clarifie et devient excellente. Ils ont aussi employé aux usages domestiques, notamment à Alexandrie, l'eau des canaux d'irrigation. Mais jamais on n'a pu appliquer ces canaux à la distribution des villes, c'est-à-dire les diriger, aux points culminants pour répandre l'eau dans toutes les rues. Suivant M. Linant-Bey, ce n'est qu'à une grande distance de leur prise d'eau dans le fleuve, que l'on peut amener les canaux au niveau des terres à irriguer. Comment serait-il possible d'obtenir les dénivellations considérables qu'exige une distribution d'eau?

Le puisage de l'eau au-dessous du sol, a conduit les Égyptiens à l'emploi des norias et des chapelets, qui sont encore aujourd'hui d'excellentes machines élévatoires. Ils se sont servis de ces machines pour alimenter un des rares aqueducs dont on trouve les ruines dans leur pays, qui conduisait l'eau du Nil dans la citadelle du Kaire, à 94^{m},50 au-dessus des basses eaux de ce fleuve. M. Linant-Bey a bien voulu m'envoyer un croquis (Pl. 1), qui donne une idée suffisante de cet ouvrage unique dans son genre, construit en même temps que la citadelle par Salah-Eddin (Saladin). En voici la description très-sommaire.

1° 1er groupe de sakiehs (noria ou chapelets) versant l'eau du fleuve à 28 mètres au-dessus des basses eaux, dans Saba-Sawakieh (réservoir de l'aqueduc). . . . . 28^{m},00

2° Aqueduc de 2595 mètres de longueur, situé hors de terre et porté en grande partie sur arcades, mais non

A reporter. . . . . 28^{m},00

Report. . . . . 28^{m},00

voûté, conduisant les eaux ainsi élevées jusqu'à un aqueduc souterrain maçonné sur 740 mètres de longueur, et creusé dans la roche sur 300 mètres. Dans la partie souterraine de l'aqueduc sont établis trois puits et trois groupes de sakiehs, savoir :

Sakieh de Caraméïdan, montant l'eau à.	9^{m},00
Sakieh d'Araba-Issan, à.	18^{m},00
Sakieh de la citadelle, à.	39^{m},50
Hauteur totale au-dessus de l'étiage.	94^{m},50

La pente totale de l'aqueduc est, en outre, de 7^{m},14; sa longueur étant de 3635 mètres, la pente kilométrique est très-sensiblement de 2 mètres[1].

GRÈCE

Les villes grecques étaient certainement alimentées par des aqueducs, puisque leur gymnasium a servi de type aux constructeurs des Thermes de Rome. Mais il ne paraît pas que ces ouvrages aient été considérables.

Voici ce qu'on lit dans Strabon.

« Les cités de fondation grecque passent pour avoir prospéré à cause de l'attention que leurs fondateurs eurent toujours de les placer dans de belles et fortes situations, dans le voisinage de quelque port, dans de bons pays. *Mais les Romains se sont prin-*

[1] Pour les détails archéologiques, consulter : 1° un mémoire de l'abbé de Fontanu sur l'aqueduc de Coutances (*Mémoires de l'Académie des inscriptions et belles-lettres*, 1743, t. XVI, p. 110), où il est question des citernes d'Alexandrie et de leur alimentation ; 2° le grand ouvrage de l'expédition d'Égypte publié par ordre du gouvernement, en 1818, t. II, mémoire de M. de Saint-Genis sur les établissements thermaux, les citernes d'Alexandrie et les aqueducs qui les alimentaient (p. 48 à 78). Les citernes étaient magnifiques, revêtues en marbre et soutenues par des colonnes ; les aqueducs étaient de simples cunettes qui puisaient l'eau aux portes de la ville, dans un canal d'irrigation.

cipalement occupés de ce que les Grecs avaient négligé; je veux parler des chemins pavés, *des aqueducs*, et de ces égouts par lesquels toutes les immondices de la ville sont entraînées dans le Tibre[1]. » Les aqueducs des Grecs étaient donc moins importants que ceux des Romains[2].

Dans ce livre, les recherches archéologiques n'ont qu'une importance secondaire; je négligerai donc les aqueducs de la Grèce et ceux que les Romains ont construits dans ce pays après la conquête. Il en sera de même du magnifique aqueduc de la Carthage romaine, restauré dans ces dernières années, et des beaux travaux du même genre exécutés dans la Gaule et dans l'Espagne. Je me bornerai à décrire l'aqueduc de Sens, qui conduisait dans cette ville l'eau de quelques-unes des sources acquises par la ville de Paris.

[1] STRABON, livre V, cap. III, § 8, traduction de M. La Porte du Theil.

[2] On voit, dans l'île de Samos, les ruines d'un aqueduc construit par Eupalinos de Mégare, qu'Hérodote considère comme une des trois merveilles de la ville de Samos. Cet aqueduc a 7 stades (1 295 mètres) de longueur, et 8 pieds grecs (2^m,464) de hauteur et de largeur. Il passe sous une montagne de 150 brasses (277^m,50) de hauteur, qui portait l'acropole. Une cunette d'une demi-coudée (0^m,23) de profondeur et de trois pieds (0^m,924) de largeur, était creusée dans le radier et recevait l'eau d'une belle source, que l'aqueduc conduisait dans la ville. (HÉRODOTE III, chap. LX. Stade, 185 mètres; pied grec, 0^m,308; brasse, 1^m,85; coudée, 0^m,462.)

Il y a, dans l'île de Cos, une sorte de puisard profond, creusé dans le flanc d'une montagne, au fond duquel jaillit une source qu'on nomme *fontaine d'Hippocrate* et, en turc, *Bourinna*. L'eau est conduite à l'extérieur par une courte galerie à deux étages, comme celle de Samos.

La ruine grecque la plus intéressante est, sans contredit, celle de l'aqueduc de Patara, en Lycie. On y voit un siphon en pierres de taille, supporté par une maçonnerie cyclopéenne remontant à la plus haute antiquité. C'est certainement un des plus anciens aqueducs connus. (Voir TEXIER, *Voyage en Asie mineure* : pour la fontaine de Cos, t. II, p. 312, pl. 133; pour l'aqueduc de Patara, t. III, p. 192, 193, pl. 179. Didot, éditeur. 1849.)

ESSAI
SUR LES AQUEDUCS ROMAINS

CHAPITRE PREMIER

LES SOURCES

Pline le Naturaliste, mort, comme l'on sait, en l'an 79[1], et Sextus-Julius Frontinus, curateur des eaux sous les empereurs Nerva et Trajan, nous ont laissé, l'un, une histoire complète des eaux de Rome, et l'autre, des documents très-étendus sur les aqueducs.

Procope, qui vivait sous Justinien Ier, a écrit sur les aqueducs quelques phrases, qui ont fort embarrassé les archéologues.

Ces documents originaux ont été l'objet d'innombrables commentaires. Parmi les plus célèbres, je citerai ceux de Baccius, G. Philander, Nardini, Fabretti, Poleni, Alberto Cassio, Piranesi. Alberto Cassio, qui écrivait en 1756, commence ainsi son *Histoire des aqueducs* : « *Da molti è stato scritto delle acque e de sontuosi condotti, che le scaricavano in Roma.....* » Le nombre des écrivains qui ont traité le même sujet n'a pas diminué depuis cette époque. Il semble que tous ceux qui voient les magnifiques

[1] L'éruption du Vésuve, pendant laquelle Pline mourut, commença le 23 septembre 79 et dura trois jours.

ruines des aqueducs éprouvent le besoin de communiquer aux autres, leurs impressions.

A l'époque où ces anciens commentaires ont été écrits, l'art de conduire les eaux était encore dans l'enfance, et les écrivains modernes, qui se sont occupés des aqueducs, sont plutôt archéologues qu'ingénieurs; ils n'ont donc guère considéré les aqueducs au point de vue technique. Cependant Rondelet, en France, a publié, en 1820, une traduction de Frontin, accompagnée d'explications techniques très-intéressantes. M. Rozat de Mandres, ingénieur en chef des ponts et chaussées, a donné un bon abrégé de ce livre. La bibliothèque des ponts et chaussées possède, en manuscrit, une traduction du même ouvrage, due à Prony.

MM. Commaille et Lambert, chirurgiens militaires, ont publié, en 1862 et en 1864, des notices intéressantes sur les eaux de Rome. Je ne connais pas les ouvrages qui, certainement, ont été publiés en Italie sur le même sujet, dans les temps modernes. Les ingénieurs italiens, si renommés pour leurs travaux sur l'hydraulique, n'ont sans doute pas négligé les aqueducs.

Des sources. — « *Mentre Roma, per così dir, fù bambina,* dit A. Cassio, *ristretta nel solo colle Palatino..., bastolle di ber l'acque salubri del vicino suo Tevere.* » Il paraît, en effet, que la ville naissante s'est contentée d'abord de l'eau salutaire que lui fournissait son voisin le Tibre, à laquelle s'ajoutait l'eau plus agréable des sources de la localité. On trouvait, au pied du Cœlius, la fontaine de Mercure, au mont Palatin, la fontaine de Saturne; la fameuse grotte de la Louve laissait couler l'eau Lupercale; dans le voisinage, jaillissait la source de Castor et Pollux. A. Cassio parle encore de quatre autres sources, celles des Lautules, du Picus et du Faune, de Cybèle, de la nymphe Égérie. La plupart de ces fontaines coulent aujourd'hui sous les décombres de Rome. Il mentionne aussi l'eau Argentine, qui n'est pas décrite par les anciens. MM. Commaille et Lambert ont analysé l'eau de Saint-Damas, une des meilleures de Rome, qui jaillit au Vatican.

On voit par là que l'emplacement choisi par Romulus et Rémus pour fonder leur ville, ne manquait pas d'eau. Jusqu'en 442, époque de la dérivation d'Appia, les Romains ont pu se contenter de celle qu'ils trouvaient, pour ainsi dire, sous leurs pieds. Ils faisaient d'ailleurs grand cas de l'eau de puits, comme le prouve le passage suivant de Pline le Naturaliste : « Quelle est la meilleure de toutes les eaux ? C'est l'eau de puits, dont l'usage est général dans les villes [1]. »

Lorsque Rome, devenue riche et puissante, ne s'est plus contentée de l'eau qu'elle trouvait dans son enceinte, elle n'a eu que l'embarras du choix, car aucune ville au monde ne se trouve dans des conditions aussi favorables, pour s'alimenter en eau de sources.

Les sources les plus rapprochées de la ville jaillissent dans la plaine volcanique, si connue des touristes sous le nom de *Campagne de Rome;* les plus remarquables, celles qui ont été dérivées à Rome, y forment trois groupes. (Voy. la carte.)

Le plus rapproché de la ville est très-voisin de l'Anio [2]. Il comprend les sources de Virgo, d'Appia et d'Augusta, affluent d'Appia, qui, suivant Frontin, se réunissait à l'aqueduc principal, aux Gemelles, à la porte de Rome. De tous les aqueducs de Rome, Appia est celui dont il reste le moins de traces. Mais les sources sont encore visibles et jaillissent, d'après M. Fabio Gori, au lieu dit *Rustica.*

La source de Virgo est la même que celle qui alimente encore aujourd'hui l'aqueduc la Vergine. Elle est très-voisine de l'Anio, à 2 300 mètres environ à l'est de Rustica. Frontin rapporte l'anecdote à laquelle cette eau célèbre doit son nom. Ce fut une jeune fille (*virgo*) qui fit connaître une des veines de la source à des soldats qui cherchaient de l'eau. Une peinture commémorative

[1] *Ex quonam ergo genere maxime probabilis continget? Puteis nimirum, ut in oppidis constare video.* (PLINE le Naturaliste, liv. XXXI, chap. XXIII.)

[2] Je conserve le nom latin de cette rivière. Aujourd'hui l'Anio porte le nom d'*Aniene*, entre les sources et Tivoli, et de *Teverone* entre Tivoli et le Tibre.

du fait, existait encore du temps de Frontin, dans un petit temple érigé près de la source[1].

Le second groupe alimentait l'aqueduc dont les ruines figurent sur toutes les cartes, depuis Fabretti, sous le nom d'*Alexandrina*. Suivant M. Fabio Gori, on a trouvé une inscription qui prouve qu'il a été construit par Trajan et Adrien. Nous l'appellerons donc *Hadriana*. Ce même groupe de sources alimente d'eau aujourd'hui l'aqueduc la Felice.

Enfin, le troisième et dernier groupe est situé entre Frascati, ancien Tusculum, et le lac Albano ; il comprend trois sources : Tepula, qui coule encore au pied du village de Grotta-Ferrata, est la moins abondante de toutes les sources conduites à Rome. A 1 500 mètres, à l'est de Grotta-Ferrata, jaillit la source de Julia, qui est, au contraire, très-abondante. Plus à l'est encore, se trouve la source de l'eau Crabra, que les fontainiers dérivaient en fraude à Rome, en la jetant dans Julia, mais qui, en réalité, appartenait aux Tusculans. L'empereur Nerva fit cesser cet abus, de sorte qu'il ne faut pas compter cette troisième source, dans la distribution de Rome.

Les sources, dont il vient d'être question, sont toutes situées sur la rive gauche du Tibre, mais les terrains volcaniques, auxquels elles doivent leur origine, s'étendent au loin sur la rive droite ; ils y donnent naissance à de belles sources, dont plusieurs, situées en arrière du lac Sabattinus (aujourd'hui Bracciano), alimentaient l'aqueduc Trajana. D'autres jaillissent au fond de grands cratères volcaniques, qu'elles ont remplis d'eau et qui forment des lacs. Tels sont les lacs Bracciano, d'où sort l'eau Paola ; Martignano, autrefois Alsietinus, d'où l'aqueduc Alsietina tirait son nom, etc.

Enfin, un dernier groupe de sources, le plus important de tous, est situé sur la rive droite de l'Anio, en amont de Tivoli, entre les deux petites villes de Vicovaro et Subiaco.

[1] FRONTIN, chap. X.

Ces sources ne sortent plus du terrain volcanique, mais des roches calcaires de l'Apennin. Elles sont situées à très-peu de distance les unes des autres, un peu en aval du village d'Agosta; elles alimentaient les deux aqueducs les plus célèbres de Rome, Marcia et Claudia.

D'après l'édition de Frontin, publiée par Rondelet, les sources de Marcia seraient situées entre les voies Valeria et Sublacensis, vis-à-vis le 36e milliaire de ces voies, et seraient plus rapprochées de Rome que celles de Claudia, situées vis-à-vis le 38e milliaire de la voie Sublacensis : c'est une erreur. D'après les recherches faites par M. le colonel Blumensthil, les sources de Claudia sont, au contraire, les plus voisines de Rome, et d'après toutes les autres éditions de Frontin, les deux aqueducs avaient leur origine dans l'étendue du 38e milliaire de la voie Sublacensis.

Suivant M. Blumensthil, les trois sources *Curtia*, *Cœrulea* et *Albudina*, que Frontin attribue à Claudia, portent aujourd'hui les noms d'*Acqua-Santa*, lac de *Sainte-Lucie* et *première Sereine*. Les sources de Marcia sont désignées aujourd'hui sous les noms de *deuxième* et *troisième Sereines*. Une sixième source, *Augusta*, qu'on jetait à volonté, d'après Frontin, dans Claudia ou dans Marcia, s'appelle *Rosolina;* elle est très-voisine du village d'Agosta, qui lui doit son nom.

Ce groupe des sources de l'Apennin est à une grande hauteur au-dessus de Rome; d'après le nivellement de M. Blumensthil, la deuxième Sereine, l'antique Marcia, jaillit à l'altitude de 316m,70, à 237 mètres au-dessus du point d'arrivée à Rome. Pour donner une idée de l'infériorité de la situation de Paris relativement aux sources, il suffit de dire que la source de la Dhuis, située à 131 kilomètres de la ville, n'est qu'à 128 mètres d'altitude; que la source d'Armentières jaillit au bord de la Vanne, à 160 kilomètres du réservoir de Montrouge, à l'altitude de 112 mètres; que les points les plus élevés de Paris sont à 130 mètres au-dessus de la mer, c'est-à-dire au-dessus du niveau des sources à dériver.

Il convient maintenant d'examiner si la qualité des eaux de ces admirables sources répond à leur abondance. Les Romains, dépourvus de tout procédé d'analyse, savaient cependant se rendre compte aussi bien que nous, de la bonté des eaux dont ils faisaient usage, et la science moderne a presque toujours ratifié leur choix. Ils estimaient surtout l'eau agréable à boire. L'empereur Nerva réserva pour la boisson l'eau Marcia, la plus réputée pour sa fraîcheur et sa limpidité[1].

Frontin considère comme une sorte de profanation, qu'on ait pu employer cette excellente eau à des usages plus vils, aux bains et aux foulons[2]. C'était sans doute par la même raison qu'on considérait comme excellentes, les eaux de puits, si peu estimées chez nous; il paraît d'ailleurs que les puits de Rome donnaient et donnent encore de l'eau de bonne qualité.

Les Romains appréciaient la bonne qualité de l'eau par les mêmes moyens pratiques que nous. Ils estimaient surtout celle qui cuisait bien les légumes, qui, par le repos, ne formait pas de dépôt vaseux, qui, par l'ébullition, ne produisait point d'incrustations adhérentes sur les parois des vases : une bonne eau devait être sans saveur ni odeur.

Ils conservaient la fraîcheur de l'eau en la mettant à l'abri de la lumière, mais cependant en la laissant exposée à l'action de l'air[3].

Avant de dériver l'eau d'une source coulant à ciel ouvert, on devait l'étudier sur place et se rendre compte de l'état de la population qui en faisait usage. Si les habitants de la contrée étaient vigoureux, bien colorés, s'ils n'avaient pas les membres frêles et les yeux lippeux, l'eau était considérée comme excellente[4].

[1] Frontin, chap. xcii.
[2] Frontin, chap. xci.
[3] *Refert... Si legumina tarde percoquunt, si liquatæ leniter terram relinquunt, decoctæque crassis obducunt vasa crustis. De cetero aquarum salubrium sapor, odorve nullus esse debet.*
Damnantur in primis fontes, quæ cœnum faciunt...
Frigori et opacitas necessaria, utque cœlum videant. (Pline le Naturaliste, liv. XXXI, chap. xxii.)
[4] Vitruve, liv. VIII, chap. v.

Ils condamnaient les eaux vaseuses; Anio Vetus, toujours trouble, était réservé pour l'arrosage des jardins[1]. Frontin ne comprend pas qu'Auguste, prince d'un esprit si droit et si sensé, ait pu dériver l'eau peu limpide du lac Alsiétinus[2].

Pline considérait que l'eau Marcia, la meilleure du monde par sa fraîcheur et sa limpidité, avait été donnée à Rome, parmi tant d'autres avantages, par la bienveillance des dieux[3].

Il ne paraît pas que les Romains aient connu l'art de filtrer l'eau, et c'est sans doute une des raisons, qui leur faisaient repousser de la consommation les eaux troubles et en général les eaux de rivière. Ils cherchaient à obtenir une sorte de clarification, en laissant l'eau au repos dans des piscines; six des aqueducs traversaient ces bassins épuratoires. C'étaient Anio Vetus, Marcia, Julia, Tepula, Anio Novus et Claudia[4].

Fabretti et, après lui, Rondelet ont donné de bonnes figures des piscines. C'étaient de vastes puisards souvent à deux étages; l'eau entrait par le fond et ressortait par l'étage supérieur. Ces bassins étaient beaucoup trop petits pour produire une véritable clarification. Les matières grossières entraînées par l'eau, le gravier et le sable, devaient y rester, mais la vase ne s'y déposait certainement pas. L'eau d'Anio Vetus, si constamment trouble, et même celle d'Anio Novus, quoique plus claire, devaient en sortir à peu près aussi limoneuses qu'en y entrant[5]; ce qui le prouve, c'est que Nerva sépara l'eau d'Anio Novus de celle Clau-

[1] FRONTIN, chap. XCII.

[2] FRONTIN, chap XI.

[3] PLINE le Naturaliste, liv. XXXI, chap. XXII.

[4] FRONTIN, chap. XIX et XXI.

[5] Lorsqu'on laisse une eau limoneuse en repos, il se forme d'abord, au moment même où le mouvement cesse, un premier dépôt qui renferme toutes les matières grossières entraînées, notamment le gravier et le sable. Si le repos est suffisamment prolongé, les vases, en suspension dans l'eau, s'abaissent en nuage et forment une seconde couche au-dessus de la première. Certaines eaux restent louches pendant des mois entiers de repos : telle est l'eau de la Loire. L'eau de la Seine, lorsqu'elle est trouble, ne s'éclaircit qu'après soixante-douze heures de repos absolu. Le limon reste indéfiniment en suspension dans l'eau distillée.

La capacité des piscines était telle, que l'eau des aqueducs y séjournait à peine pendant une heure. Le dépôt de gravier et de sable s'y formait donc; mais les matières fines restaient en suspension et s'écoulaient avec l'eau, lorsqu'elle reprenait son cours.

dia, dont elle altérait la pureté [1]; elle ne s'éclaircissait donc pas dans les piscines.

Le même prince fit, vers la prise d'eau d'Anio Novus, des travaux considérables pour faciliter la clarification par le repos [2].

Pourquoi les Romains faisaient-ils passer par les piscines des eaux de sources, qui étaient naturellement limpides, telles que Marcia, Julia, Tepula et Claudia? C'est une question qui vient très-naturellement à l'esprit, surtout lorsqu'on ne sait pas que la plupart des grandes sources se troublent plus ou moins, à la suite des pluies prolongées. Parmi toutes les sources que la ville de Paris possède, une seule, celle de Saint-Philibert, ne s'est pas encore troublée depuis 1862.

Il en était de même à Rome; une seule des eaux dérivées, Virgo, ne se troublait jamais. C'est ce qui ressort d'une lettre très-intéressante de Théodoric, deuxième roi d'Italie, à son ministre Cassiodore. Cette lettre a été écrite vers l'an 500, et la plupart des aqueducs coulaient encore, s'ils ne coulaient pas tous; car Théodoric en fit la restauration complète. Voici la traduction, libre et abrégée, du passage de cette lettre qui nous intéresse :

« Voyez combien l'eau des aqueducs contribue à l'ornement de Rome! Virgo jaillit si pure qu'elle doit son nom, d'après l'opinion générale, à ce qu'elle n'est jamais souillée; car, tandis que les autres subissent la violence des grandes pluies qui les troublent, elle seule conserve son éternelle pureté [3]. »

Virgo était donc la seule eau de Rome, coulant du temps de Théodoric, c'est-à-dire très-peu d'années avant le voyage de Procope, qui restât constamment limpide. On sait que Procope vit les onze aqueducs en service.

[1] Frontin, chap. xci.
[2] Frontin, chap. xciii.
[3] *Respiciamus aquarum capita quantum Romanis mœnibus præstent ornamentum. Currit aqua virgo, sub delectatione purissima, quæ ideo sic appellata creditur, quod nullis sordibus polluatur; nam cum aliæ pluviarum nimietate terrena commixtione violentur, hæc aerem perpetuo serenum unda mentitur.*
Frontin donne une autre origine au nom de *virgo*. (Voy. page 18.)

Il n'est pas étonnant, d'après cela, que les autres eaux de sources fussent dirigées dans les piscines épuratoires; elles ne s'y éclaircissaient certainement pas; elles y laissaient tout au plus les parties grossières du limon apporté par les orages.

Il est à remarquer qu'on n'a jamais fait de piscines pour Virgo.

En résumé, Pline considère comme médiocres les eaux des rivières et des torrents. Au contraire, celles de certains lacs sont, à ses yeux, très-salubres. L'eau des citernes est malsaine et renferme des animaux répugnants [1].

J'insiste sur tous ces faits parce que plusieurs auteurs modernes, se basant sur quelques phrases d'Hippocrate, ont prétendu que les anciens considéraient les eaux de rivière comme les meilleures, tandis qu'au contraire ils cherchaient avant tout la limpidité et la fraîcheur, qui n'appartiennent qu'aux eaux de sources et de puits.

Les Romains avaient donc des idées très-justes en pratique, sur tout ce qui constitue la bonté et la salubrité de l'eau. Pline, qui accepte quelquefois trop légèrement les fables les plus grossières et les plus absurdes, est sur ce point d'une sagacité remarquable, on l'a déjà vu ci-dessus. Il combat d'autres préjugés qui ont persisté jusqu'à nos jours.

« Quelques personnes jugent de la salubrité de l'eau en la pesant; vaine exactitude, car rarement l'eau offre des différences de pesanteur [2]. »

On ne dirait pas mieux aujourd'hui; les termes vagues d'eau légère, d'eau lourde, sont encore très-habituellement employés.

Nous pourrions donc déjà admettre *a priori* que les eaux distribuées à Rome étaient propres à tous les usages domestiques; les Romains n'auraient pas dérivé à grands frais des eaux dures ou insalubres. Nous serons confirmés dans cette opinion par les analyses plus précises de la science moderne.

[1] PLINE le Naturaliste, liv. XXXI, chap. XXIII.

[2] PLINE le Naturaliste, liv. XXXI, chap. XXIII.

Analyse des eaux de Rome. — MM. Commaille et Lambert ont donné l'analyse de quelques-unes des eaux dérivées par les Romains anciens ou modernes : de l'eau Vergine, ancienne Virgo, de l'eau Felice, ancienne Alexandrina, ou plutôt, suivant M. Fabio Gori, ancienne Hadriana, et de l'eau Paola. On a dit ci-dessus que ces sources jaillissent des terrains volcaniques qui couvrent la campagne de Rome.

La température de l'eau Vergine a été trouvée de 14 degrés centigrades, quand celle de l'air était de 22 degrés ; elle est limpide et très-agréable à boire, et marque à l'hydrotimètre 18°,25.

L'eau Felice est, comme la précédente, limpide et agréable à boire ; sa température est de 16 degrés, quand celle de l'air est de 28 degrés. Son titre hydrotimétrique est 22°,50.

L'eau Paola est tirée du lac Bracciano, ancien cratère de volcan ; elle est désagréable à boire, chaude l'été, froide l'hiver. Chimiquement, elle est plus pure que les deux autres. Son titre hydrotimétrique est 11°,25.

Les tableaux suivants donnent les résultats des analyses de MM. Commaille et Lambert ; j'ai seulement modifié la disposition des chiffres.

VOLUMES DES GAZ EN DISSOLUTION EXPRIMÉS EN CENTIMÈTRES CUBES A $0^m,760$ DE PRESSION

	VERGINE (VIRGO)	FELICE (HADRIANA)	PAOLA
Acide carbonique	24,44	24,70	7,98
Azote	15,75	25,55	16,06
Oxygène	7,89	6,90	6,92
TOTAUX	48,08	55,15	30,76

Ces quantités sont celles qu'on trouve habituellement dans les eaux de source, qui ont parcouru un aqueduc d'une longueur notable.

ANALYSE DES MATIÈRES SOLIDES EN DISSOLUTION DANS UN LITRE D'EAU

		VERGINE		FELICE		PAOLA	
		gr.		gr.		gr.	
Sels terreux	Carbonate de chaux. . .	0,11394	0,14880	0,12221	0,16076	0,04155	0,06971
	— de magnésie..	0,03486		0,03853		0,01862	
	Sulfate de chaux.. . . .	»		»		0,00954	
Sels alcalins	Chlorure de sodium. . .	0,00621	0,11438	0,01043	0,10969	0,05289	0,07113
	Sulfate de soude.. . . .	0,03193		0,01713		»	
	Silicate de soude.. . . .	0,07624		0,07624		0,01619	
	Sulfate de potasse. . . .	»		0,00589		0,00205	
	Iodure alcalin.	Traces légères		Traces		Traces notables	
Alumine et fer..		Traces		Traces		Traces	
Matières organiques.		Traces sensibles		Traces		Traces notables	
Totaux..			0,26318		0,27045		0,14084
Eau combinée, matières organiques, iodures, etc.			0,04882		0,00935		»
Ammoniaque..			0,000028		0,0000614		»

La quantité totale des principes fixes, en dissolution dans ces eaux, ne diffère pas très-sensiblement de celle qu'on trouve dans les bonnes eaux de Paris, Seine, Dhuis, Vanne. Mais la proportion de ces sels est essentiellement différente.

Les sels alcalins et terreux s'y trouvent en quantités presque égales, tandis que, à Paris, les sels terreux sont très-dominants et les sels alcalins presque négligeables.

MM. Commaille et Lambert ont reconnu que les eaux romaines ramenaient promptement au bleu le papier rouge de tournesol. Cette forte proportion de sels alcalins existe aussi bien dans la Vergine que dans la Felice et la Paola. Il est probable qu'elle se trouvait aussi dans les autres eaux dérivées des terrains volcaniques de la Campagne de Rome, c'est-à-dire dans Appia, Tepula, Hadriana et Trajana.

Je suis porté à croire que cette composition des eaux de la Campagne de Rome leur donne un très-léger arrière-goût d'amertume, qui serait sensible pour nous, Parisiens, habitués à des eaux complétement douces. J'ai constaté cet arrière-goût dans les eaux des terrains volcaniques de l'Auvergne, à Clermont et au Mont-Dore ; quoique ce défaut soit léger et qu'on s'y habitue vite, il fait comprendre pourquoi on donnait si hautement, à Rome, la préférence aux eaux du groupe de sources de l'Apennin, et notamment à Marcia, qui, sortant d'un sol calcaire, étaient certainement moins chargées de sels alcalins que Virgo et Hadriana. Ces eaux de l'Apennin sont cependant beaucoup plus dures, comme le fait voir la comparaison des titres hydrotimétriques :

		DEGRÉS
Terrains volcaniques.	Vergine..	18,25
	Felice..	22,50
	Paola..	11,25
Apennin 2e Sereine (Marcia)		28,00

Marcia serait difficilement acceptée par nos industriels; mais les eaux de Rome n'alimentaient pas de machines à vapeur, et les Romains les appréciaient, comme mes compatriotes les Bourguignons, apprécient leurs limpides eaux des terrains jurassiques, quoiqu'elles ne soient guère moins dures que Marcia.

Voici, d'après MM. Commaille et Lambert, les titres hydrotimétriques de quelques autres eaux de Rome :

	DEGRÉS
Eau Argentine, source du Velabre	28,25
Eau de Saint-Damas, Vatican..	15,00
Eau du Soleil, source des jardins Colonna..	21,50
Eau de la Fontaine Égérie	29,00
Eau du Tibre au pont de Ripetta	29,00
Eau de l'Anio au pont d'Antemnæ	48,00

Ces essais font voir que les eaux de rivière sont plus dures à Rome que les eaux de source; c'est une raison de plus pour qu'on ait toujours donné la préférence à ces dernières.

CHAPITRE II

LES AQUEDUCS

Cherchons maintenant à donner une idée des immenses travaux de dérivation, au moyen desquels ces belles sources ont été conduites à Rome.

Du temps de Frontin, curateur des eaux sous le règne des empereurs Nerva et Trajan, les aqueducs étaient au nombre de neuf ; voici leurs noms dans l'ordre où ils furent construits :

Appia [1].	Virgo.
Anio vetus.	Alsietina.
Marcia.	Claudia.
Tepula.	Anio novus.
Julia.	

Procope, qui, suivant Baccius, fut secrétaire de l'empereur Justinien Ier, et d'après le père Aicher, conseiller adjoint à Bélisaire, suivit ce général en Italie et demeura longtemps à Rome. Selon lui, le nombre des aqueducs était alors de quatorze ; mais il ne donne pas les noms des cinq nouveaux ; de là, grande diva-

[1] Je désignerai les aqueducs par le nom latin de l'eau qu'ils dérivaient,

gation des commentateurs ; d'après Alberto Cassio, les cinq eaux nouvelles portaient les noms suivants :

1° Trajana.
2° Severiana.
3° Antoniana.
4° Alexandrina.
5° Aureliana.

Il paraît bien établi que l'aqueduc Severiana n'était qu'une branche de Claudia, dirigée vers les thermes de Septime Sévère. La carte de Rondelet fait voir qu'Antoniana se détachait de Marcia, pour alimenter les thermes de Caracalla. Enfin, d'après A. Cassio, Aureliana n'était qu'une simple dérivation de Trajana.

Il n'y avait donc, du temps de Procope, que deux eaux nouvelles : Trajana provenant, comme il a été dit ci-dessus, de sources situées au delà du lac Bracciano, et Hadriana, dont les sources sont, suivant certains auteurs, les mêmes que celles de la Felice, et qui, dans tous les cas, en sont très-voisines. Cette eau Hadriana est celle que Fabretti et, après lui, A. Cassio et tous les autres auteurs ont désignées à tort sous le nom d'Alexandrina. J'ai déjà dit que M. Fabio Gori avait découvert une inscription d'après laquelle l'aqueduc, commencé par Trajan, a été achevé par Adrien; M. Fabio Gori a donc restitué à l'eau, le nom d'Hadriana, que j'ai adopté.

Pline et Frontin ont donné une description trop sommaire des aqueducs qui existaient de leur temps ; je ferai de nombreux emprunts à ces deux auteurs, mais je chercherai surtout à donner une idée nette de ces admirables monuments, au moyen d'autres documents dont il sera question ci-dessous.

Les aqueducs de Rome remonteraient, d'après Pline, à une antiquité très-reculée. Marcia aurait été construit par le roi Ancus Marcius en l'an 127 de Rome[1] ; ruiné par le temps, il aurait été restauré par le préteur Quintus Marcius Rex. Pline ne s'est-il pas

[1] *Primus eam (marciam) in urbem ducere auspicatus est Ancus Marcius unus e regibus Postea Q. Marcius Rex, in pretura. Rursusque restituit M. Agrippa* (Pline le Naturaliste, liv. XXXI, chap. XXIV).

laissé entraîner par l'amour du merveilleux, qui l'égare si souvent, et par la similitude des noms ? Je l'ai dit en commençant, je ne veux pas discuter cette question ; mais la version de Frontin me paraît de beaucoup la plus probable. Voici, d'après cet auteur, dans quel ordre les aqueducs ont été construits. (Voir la carte.)

Le premier aqueduc, Appia, fut, suivant Varron, construit sous le consulat de M. Valerius Maximus et de P. Decius Mus, l'an de Rome 442. Deux hommes, les censeurs C. Plautius, surnommé Venox, à cause de son habileté à découvrir les veines d'eau, et Appius Claudius Crassus, l'auteur de la voie Appienne, étaient à la tête de l'entreprise ; celui-ci trouva le moyen de se débarrasser de son collègue et donna son nom à la dérivation.

Les sources d'Appia se voient encore près du lieu dit Rustica, à peu de distance de la rive gauche de l'Anio, entre le 7e et le 8e milliaire de la voie Prénestine. La longueur de l'aqueduc était de 11 190 pas. Il recevait aux Gemelles, à son entrée à Rome, le ruisseau Augusta et une autre source, par un aqueduc de 6380 pas[1].

Quarante ans après la construction d'Appia, vers l'an 481, les censeurs Max. Curius Dentatus et L. Papirius Cursor, sous le second consulat de Sp. Corvilius et de L. Papirius, commencèrent la dérivation de l'eau appelée Anio Vetus ; cette entreprise, interrompue pendant deux ans, fut terminée par Fulvius Flaccus. La prise d'eau avait lieu en amont de Tivoli, au 20e milliaire d'une ancienne voie. D'après la carte de M. Fabio Gori, elle serait située bien en amont de ce point, au-dessus du village d'Agosta. Cette seconde prise d'eau est certainement une amélioration postérieure à Frontin, car, dans cette hypothèse, la longueur d'Anio Vetus serait plus grande que celle de Marcia, tandis que, d'après le texte de Frontin, elle est de 19 000 pas plus petite. Le développement d'Anio Vetus, du temps de Frontin, était de 43 000 pas ; en reportant sa prise d'eau vers l'amont, on

[1] Frontin, chap. v.

a voulu sans doute se rapprocher de la contrée pierreuse, où les eaux de la rivière sont plus limpides[1].

L'an 608, c'est-à dire 127 ans après, Appia et Anio Vetus se trouvèrent ruinés par vétusté, et leurs eaux détournées par fraude ; le préteur Q. Marcius Rex fut chargé de rétablir ces deux aqueducs, de revendiquer leurs eaux, et de dériver d'autres sources, qui furent nommées Marcia. On a vu que ces sources, situées sur la rive gauche de l'Anio, portent aujourd'hui les noms de 2e et 3e Sereines ; la nouvelle eau fut conduite au Capitole.

On alloua, pour cette entreprise, 8 400 000 sesterces, représentant une somme de 1 142 400 francs[2]; la longueur de l'aqueduc était de 61 710 pas, les sources étaient dans le voisinage du 36e milliaire de la voie Valeria, et du 38e de la voie Sublacensis[3]. Marcia était l'eau la plus réputée de Rome ; voici l'éloge que Martial fait de cette eau et de Virgo :

« Si les usages des Lacédémoniens te plaisent, tu peux, lorsque tu auras subi assez longtemps l'action de la vapeur aride, te plonger dans l'eau froide de Virgo ou de Marcia ; elle luit si limpide et si sereine, que tu ne soupçonnerais pas sa présence et que tu croirais voir briller vide, le marbre de Lygdos[4]. »

L'an de Rome 627, sous le consulat de Plotius Hypsæus et de Fulv. Flaccus, la source Tepula fut dérivée à Rome par les censeurs Sn. Servilius Cæpio et Cassius Longinus.

En 719, sous le second consulat d'Auguste et de L. Volcatius, M. Agrippa, alors édile, dériva par le même aqueduc d'autres sources, situées vers le 12e milliaire de la voie Latine, et

[1] FRONTIN, chap. VI.
[2] Le sesterce valait alors 0f,136.
[3] FRONTIN, chap. VII. — Ci-dessus, page 20.
[4] *Ritus si placeant tibi Laconum,*
Contentus potes arido vapore,
Cruda Virgine Marciave mergi;
Quæ tam candida, tam serena lucet,
Ut nullas ibi suspiceris undas,
Et credas vacuam nitere Lygdon.

(MARTIAL, lib. VI, Epig. XLII.

leur donna le nom de Julia. Les deux eaux ont d'abord chacune un canal spécial, Tepula de 5 220, Julia de 7 926 pas de longueur, puis elles se réunissent dans le même aqueduc, Julia coulant au-dessus de Tepula. A partir du 7e milliaire, cet aqueduc rencontre celui de Marcia et s'y relie; de là, jusqu'à Rome, sur une longueur de 7 000 pas, Tepula coule au-dessus de Marcia, et Julia au-dessus de Tepula. La longueur totale de l'aqueduc est de 15 426 pas. Les sources de Tepula et de Julia jaillissent, l'une en amont, l'autre en aval du village de Grotta-Ferrata, près de Frascati [1].

Virgo fut conduite à Rome par M. Agrippa en 732, sous le consulat de C. Sentius et Q. Lucretius. Cette source formait un marécage, près du 8e milliaire de la voie Collatine; une jeune fille ayant indiqué une des veines à des soldats, on fit des travaux de recherche, et on découvrit beaucoup d'eau. Ces travaux souterrains n'avaient pas moins de 1 405 pas de longueur. On réunit toutes ces veines d'eau dans un regard commun, d'où elles étaient conduites à Rome; la longueur de l'aqueduc était de 14 105 pas [2].

Auguste dériva, vers la même époque, l'eau du lac Alsietinus par un aqueduc de 22 172 pas.

Cette eau ne coulait nulle part pour les besoins du peuple; il paraît qu'Auguste la dériva, lorsqu'il fit sa naumachie, afin de ne pas détourner des eaux plus salubres.

La prise d'eau d'Alsietina était située dans le voisinage du 14e milliaire de la voie Claudia [3].

En même temps qu'il construisait l'aqueduc Julia, Agrippa restaurait les aqueducs Appia, Anio Vetus et Marcia, qui ne fonctionnaient plus.

Auguste, pour compléter l'alimentation de Marcia en temps de sécheresse, y dériva, par un canal de 800 pas, une belle

[1] Frontin, chap. viii et ix, ci-dessus, page 19.
[2] Frontin, chap. x.
[3] Frontin, chap. xi.

source à laquelle on donna son nom. Nous avons vu que cette source est connue aujourd'hui sous le nom de Rosolina, et qu'elle jaillit près du village Agosta[1].

Les deux derniers aqueducs dont parle Frontin, Claudia et Anio Novus, furent commencés par Caligula en 789[2] et achevés par Claude en 803[3]. Anio Novus dérivait des eaux de rivière naturellement troubles et peu potables; sa longueur était de 58 700 pas; sa prise d'eau était voisine du 42e milliaire de la voie Sublacensis, elle fut reportée par Nerva en amont de Sublaquium (Subiaco), nous dirons pourquoi.

Claudia avait 46 406 pas de longueur, et dérivait l'eau de trois sources voisines de celles de Marcia et presque égales en qualité, Curtia, Cærulea et Albudina. Ces trois sources portent aujourd'hui les noms d'Acqua Santa, de lac de Sainte-Lucie et de première Sereine; elles sont voisines du 38e milliaire de la voie Sublacensis, et un peu plus rapprochées de Rome que les sources de Marcia. La source Augusta (Rosolina) pouvait être jetée à volonté dans Claudia, comme dans Marcia.

A partir du 7e milliaire, au sortir des piscines, Anio Novus cheminait au-dessus de Claudia, de même que Tepula au-dessus de Marcia et Julia au-dessus de Tepula[4].

Rondelet, récapitulant toutes ces longueurs des aqueducs qui existaient au temps de Frontin, trouve que leur développement total était de 281 294 pas romains. Mais il a omis Tepula tout entière. J'ai donc refait son calcul, en comblant cette lacune; j'ai compté comme lui, pour deux aqueducs, Claudia et Anio Novus superposés; pour trois aqueducs, Marcia, Tepula, Julia, entre le 7e milliaire et Rome, etc. Enfin, j'ai adopté sa mesure du pas romain, 1m,485.

[1] FRONTIN, chap. XII. — Ci-dessus, page 20.
[2] An 36 de l'ère chrétienne.
[3] An 50 de l'ère chrétienne.
[4] FRONTIN, chap. XIII, XIV et XV.

TABLEAU DES AQUEDUCS

DÉSIGNATION	LONGUEUR DES AQUEDUCS							
	SOUTENUS HORS DU SOL				SOUS TERRE		TOTALE	
	PAR DES ARCADES		PAR DES SUBSTRUCTIONS					
	PAS ROMAINS	MÈTRES	PAS ROMAINS	MÈTRES	PAS ROMAINS	MÈTRES	PAS ROMAINS	MÈTRES
Appia.	60	89,10	30	44,55	11 100	16 483,50	11 190	16 617.15
Augusta affl. d'Appia. .	»	»	»	»	6 380	9 474,30	6 380	9 474,30
Anio vetus.	»	»	221	328,19	42 779	63 526,82	43 000	63 855,00
Marcia.	6 935	10 298,48	528	784,08	54 247	80 556,80	61 710	91 639,36
Augusta affl. de Marcia.	»	»	»	»	800	1 188,00	800	1 188,00
Tepula.	6 472	9 610,92	528	784,08	5 720	8 494,20	12 720	18 889,20
Julia.	6 472	9 610,92	528	784,08	8 426	12 512,61	15 426	22 907,61
Virgo.	700	1 039,50	540	801,90	12 865	19 104,53	14 105	20 945,92
Galeries de recherches de Virgo.	»	»	»	»	1 405	2 086,43	1 405	2 086,43
Alsietina.	358	531,63	»	»	21 814	32 393,79	22 172	32 935,42
Claudia.	9 567	14 207,00	609	904,37	36 230	53 801,55	46 406	68 912,93
Anio novus.	7 641	11 346,89	1 759	2 612,12	49 300	73 210,50	58 700	87 169,61
TOTAUX.	38 205	54 734,44	4 745	7 045,37	251 066	372 853,03	29 4014	436 610,84

La longueur totale des aqueducs, comptée en pas romains, est. 294 014

celle donnée par Rondelet. 281 294

La différence. . . 12 720

est juste égale à la longueur de Tepula.

Ces neuf aqueducs, à l'exception de Virgo et d'Alsietina, entraient tous à Rome, dans le voisinage de la porte Esquiline, et, aujourd'hui, de la porte Majeure. On peut voir encore, en sortant par cette porte, l'effet extraordinaire que leurs ruines produisent au milieu de cette plaine déserte; c'est un spectacle grandiose qui ne s'efface pas de la mémoire. Les photographies de M. Parker, en donnent une idée très-nette; elles ont l'avantage d'être la reproduction exacte de la nature. Ce sont de véritables procès-verbaux qui, certes, valent mieux que les froides figures géométriques de Fabretti et de Piranesi.

Tracé des aqueducs. — M. Fabio Gori a dressé une très-belle carte, en dix-huit feuilles, du tracé des aqueducs, laquelle est aujourd'hui la propriété de M. Parker; je me suis servi de cette pièce pour dresser la carte jointe à l'atlas.

Suivons d'abord le tracé de Marcia, le plus célèbre des quatre aqueducs qui puisaient leur eau dans l'Apennin, au-dessus de Tivoli [1]; la 2e Sereine, sa principale source jaillit, on l'a vu ci-dessus, à l'altitude. 317m
l'altitude du radier, à l'arrivée à Rome, est. 54m
Différence. 263m

La pente totale était donc de 263m, et l'ingénieur romain avait toutes facilités pour chercher des raccourcissements par des variations de pente. Il n'en a rien fait, et il n'est pas surprenant qu'à cette époque reculée, on ait négligé ces perfectionnements de tracé. Marcia, en amont de Tivoli, suit exactement le bord d'Anio, dont la vallée est très-contournée.

Jeté hors de cette vallée au sommet des cascades de Tibur, le tracé fait un long circuit autour de la chaîne des monts Ripoli, Spaccato, S. Angelo, évite les premiers ravins qui sillonnent le pied des coteaux, franchit le plus profond de ces ravins sur le même pont qu'Anio Vetus, passe au point obligé de Ponte-Lupo, puis se développe non moins longuement dans la gorge de Gallicano (autrefois Pedum), puis autour de Monte Falcone et des autres collines, qui terminent la campagne de Rome du côté de Frascati; il arrive ainsi à la ligne de faîte, que suivent six des aqueducs entre les grandes piscines et l'entrée de Rome. Cette ligne de faîte est comprise, entre l'origine de nombreuses vallées secondaires qui débouchent dans l'Anio, et les contours de la rive droite d'un ruisseau, désigné sous le nom de Marrana sur la carte de M. Fabio Gori, et qui tombe dans le Tibre en aval de Rome. C'est donc la ligne la plus élevée de la campagne de Rome, entre

[1] Nous n'apprendrons à personne que Tivoli est le Tibur antique.

le pied des hauteurs de Frascati et la ville; c'était le tracé naturel des aqueducs, qui tous passaient par les points obligés de la Tour Fiscale et Porta Furba, avant d'atteindre la porte Majeure.

Cette dernière partie du tracé est très-rapprochée de la voie Latine. C'est vers le 7e milliaire de cette voie, que les six aqueducs se réunissent, deux à deux et trois à trois. Frontin dit partout le 7e milliaire, sans désigner la voie. Je ferai de même; quand je parlerai du 7e milliaire, il sera sous entendu : de la voie Latine.

Ce tracé est excellent dans son ensemble, et a exigé une grande sagacité de la part des ingénieurs, à une époque où l'art du niveleur n'existait pas encore; il est bien certain que le succès est dû à la pente énorme dont on disposait. Le niveleur romain se serait fourvoyé, à chaque pas, avec les pentes faibles de nos aqueducs modernes; pour plus de sûreté, il a suivi tous les contours des vallées et des collines, ce qui a allongé considérablement le parcours de l'eau.

Le tracé de Marcia s'écarte peu de celui d'Anio-Vetus et même d'Anio Novus, jusqu'à Ponte-Lupo; il est fait avec la timidité de l'ingénieur primitif : la ligne droite est presque inconnue sur ces développements sinueux.

Un seul des aqueducs de l'Apennin, Claudia, a été dirigé avec la perfection de l'art moderne. Bien avant Tibur, il s'élève sur les coteaux, pour en éviter les longs contours. Sur toute la pente de l'Apennin, depuis Castel-Madama jusqu'à la campagne de Rome, vers Frascati, son tracé ne laisse rien à désirer, et l'ingénieur moderne le plus habile n'y ferait que des changements insignifiants. Il va sans dire que les siphons ne pouvaient être employés, pour franchir les vallées, puisque les tuyaux de fonte n'étaient pas connus des Romains.

On a inauguré, en 1870, à Rome, l'aqueduc Pia, qui dérive les sources de l'antique Marcia. On a pu faire usage des siphons. Le tableau suivant fait ressortir le progrès accompli à ces trois époques de l'art de l'ingénieur.

Marcia (an de Rome 608), longs développements. Longueur de l'aqueduc..	91 639	mètres.
Claudia (an de Rome 803), tracé perfectionné, mais sans siphons. Longueur de l'aqueduc.	68 913	—
Pia (1870), dérivation des sources de Marcia, avec siphons. Longueur de l'aqueduc.. . .	52 000	—

Ces trois aqueducs partent du même point et aboutissent à peu près au même point. Le perfectionnement du tracé de Claudia a fait gagner 22 726 mètres, un quart environ de la longueur de Marcia. Avec le hardi siphon, qui part de Tivoli pour aboutir à Rome presque en ligne droite, Pia gagne 16 913 mètres sur Claudia, c'est-à-dire aussi un quart de la longueur de ce dernier aqueduc.

M. Blumensthil, que j'ai consulté sur cette énorme différence des longueurs des aqueducs Marcia et Claudia, pense comme moi qu'elle tient au développement extraordinaire du premier. « En vous guidant, m'écrit-il, sur les sinuosités de l'Anio, sur les rentrants formés par les *fossi*[1], les vallées et les saillies poussées en avant par les collines, vous arriverez à une assez belle approximation des fameux 61 710 pas. »

La longueur de Marcia est donc bien de 61 710 pas romains (91 639 mètres). Ce chiffre n'est point une erreur de copiste, comme on serait tenté de le croire.

L'examen de la carte de M. Fabio Gori fait encore reconnaître un autre perfectionnement de l'art de l'ingénieur. L'empereur Nerva clarifia les eaux d'Anio Novus, en les faisant passer par des lacs ou bassins de dépôts créés dans la rivière elle-même. Voici comment Frontin parle de cette amélioration : « Ce n'était pas assez pour notre prince (Nerva) d'avoir rétabli l'abondance et la pureté des principales eaux, il trouva qu'il était encore possible d'épurer Anio Novus; c'est pourquoi il ordonna que cette eau, au lieu d'être prise dans le fleuve même, fût tirée du réservoir qui est au-dessus de la maison de plaisance de Néron, où elle est ex-

[1] Ravins profonds.

trêmement claire. Car le fleuve Anio, prenant sa source au-dessus de Treba Augusta, ville autour de laquelle on trouve peu de terres cultivées, ses eaux s'épurent, soit en parcourant des montagnes pierreuses, soit en se reposant dans le réservoir profond dans lequel elles sont reçues [1]. »

Depuis, deux autres bassins de dépôt furent établis en amont du premier; ils sont figurés sur la planche V (C et D).

C'est ainsi que, dans ces dernières années, on voulait épurer les eaux de rivière destinées à l'alimentation de Londres; un ingénieur très-distingué, M. Batemann, a proposé de barrer les vallées du pays de Galles, de manière à y former de grands bassins de clarification.

Je réprouve ce procédé, qui est loin d'améliorer l'eau; il existe en France de grands réservoirs, notamment celui des Settons, dans le Morvan; l'eau, qui y séjourne longtemps, ne devient pas meilleure; il s'y développe une faune de petits insectes très-peu appétissants. Je ne crois pas que les Romains aient mieux réussi, et, qu'après l'exécution des travaux de Nerva, l'eau d'Anio Novus ait été, quoi qu'en dise Frontin, comparable à l'eau Marcia [2].

Le tracé des autres aqueducs ne présente rien de particulier; les deux plus courts sont Appia et Virgo. Le premier passait à l'origine des nombreux ravins qui descendent dans l'Anio et arrivait ainsi sur un plateau, qui le conduisait directement à un point compris entre les portes Esquiline et Majeure.

Le tracé de Virgo était le même que celui de la Vergine moderne; celui-ci suit d'abord l'ancienne direction d'Appia et s'élève ainsi sur le plateau de Gotifredi; mais, au lieu de continuer son chemin vers la porte Esquiline, l'aqueduc fait un angle aigu et se dirige vers l'Anio, par le plateau de Bocca-di-Leone, Pietra-Lata, et entre à Rome par le quartier bas, vers la porte du Peuple. Ce

[1] FRONTIN, chap. XCIII, traduction de Rondelet.
[2] Frontin est en contradiction avec lui-même, sur ce point, dans les chapitres XV et XCIII.

tracé bizarre ne peut se justifier, que par des considérations qui nous échappent aujourd'hui.

Le tracé des aqueducs Tepula et Julia est le plus simple de tous. Depuis Grotta-Ferrata, localité voisine des deux sources, les aqueducs se soutiennent sur la ligne la plus élevée du plateau de la campagne de Rome, en franchissant deux fois la vallée peu profonde de la Marrana, et arrivent ainsi aux grandes piscines. Ce tracé est presque rectiligne, un enfant le ferait sans erreur possible. Nous ne dirons rien du tracé d'Alsiétina et de Trajana, qui est également des plus simples.

Le tracé d'Hadriana aurait dû suivre le tracé des aqueducs tiburtins et franchir, à leur origine, les nombreux ravins qui sillonnent la campagne, en amont de Rome. L'aqueduc serait ainsi arrivé à la porte Esquiline, en suivant, comme les autres, le long de la voie Latine, la ligne la plus élevée et la moins accidentée de la campagne. Au lieu de cela, le tracé suit un terrain plus rapproché de l'Anio et franchit les ravins aux deux tiers de leur longueur, c'est-à-dire en des points où ils sont très-profonds. L'aqueduc est donc supporté presque partout sur des arcades. J'aurai occasion de revenir sur cette singularité, en décrivant cet ouvrage.

L'aqùeduc moderne Felice, qui dérive les mêmes eaux, s'écarte beaucoup de ce tracé. Pour éviter les coûteuses arcades d'Hadriana, il se soutient d'abord sur le plateau de Palavicino et gagne ainsi le tracé d'Anio Vetus, qu'il emprunte jusqu'aux piscines, où il se relie au triple aqueduc de Marcia, Tepula, Julia, entrant à Rome par la porte Majeure.

Les aqueducs de l'Apennin rencontrent souvent des passages difficiles, qui exigent des travaux dispendieux, et des passages favorables, qui ont attiré tous les tracés; parmi les points défavorables, on peut citer la vallée Degli Arci sur la rive gauche d'Anio, un peu en amont de Tivoli; les quatre aqueducs de l'Apennin franchissent ce ravin; Claudia à 2000 mètres environ de l'Anio, sur de magnifiques arcades; Anio Vetus, Marcia, Anio Novus, tout près de la rivière, sur des ponts moins longs, mais néanmoins très-imposants.

Le massif volcanique de Tusculum est séparé de l'Apennin, entre le pied du mont S. Angelo et le village Gallicano, par une large dépression, où se précipitent une multitude de torrents, qui y ont creusé de nombreux ravins. Le tracé des aqueducs a dû chercher les passages favorables de cette dépression. C'est ainsi que Marcia et Anio Vetus franchissent, sur les arcades du pont S. Antonio, une gorge étroite à la jonction de cinq ravins; près de là, à Ponte Lupo, les quatre aqueducs se réunissent sur un seul pont, au-dessus d'une gorge encore plus étroite.

Après Gallicano, les quatre aqueducs contournent le massif volcanique, à la naissance même des ravins de la campagne, évitant ainsi des travaux dispendieux. Ils se dirigent ensuite vers Rome, sur l'étroit plateau compris entre la naissance des affluents de la rive gauche d'Anio et la Marrana, affluent du Tibre. Ils s'y réunissent à deux autres aqueducs, Tepula et Julia; le passage est parfois si étroit, que tous les aqueducs se réunissent en un seul faisceau. Telle est la Tour Fiscale.

Le besoin de plus en plus prononcé d'eau à haute pression, obligea les ingénieurs romains à franchir cette plaine sur des arcades de plus en plus élevées[1]. C'est ainsi que l'altitude de Marcia étant devenue insuffisante, Tepula, dix-neuf ans après, fut construit au-dessus. Quatre-vingt-douze ans après, Julia s'élevait au-dessus de Tepula. Quatre-vingt-quatre ans plus tard, les eaux parurent trop basses encore, et les hautes arcades de Claudia, surmontées de celles d'Anio Novus, s'élevèrent jusqu'à 109 pieds au-dessus de la plaine[2] (32^m,40).

[1] Le même besoin d'eau à haute pression se fait sentir dans nos distributions modernes. Il y a 60 ans, on pensait faire tout le service de l'ancien Paris, avec les eaux de l'Ourcq, qui ne s'élèvent pas à plus de 26 mètres au-dessus de la Seine. Aujourd'hui l'on reconnait qu'il faut porter cette hauteur à 56 mètres.

[2] Frontin, chap. xv.

Fabio Gori del

COUPE DES AQUEDUCS ROMAINS

CHAPITRE III

DÉTAILS DE CONSTRUCTION

La ville de Paris possède une collection de photographies des aqueducs, qui forme une série de 198 pièces, presque toutes remarquables par leur belle exécution. On ne saurait trop admirer la persévérance de l'auteur de cette collection, M. Parker, qui a mené à bonne fin une si difficile et si dispendieuse entreprise.

Sur la carte de M. Fabio Gori, dont il a déjà été question ci-dessus, se trouvaient les coupes transversales des aqueducs, et, de plus, 28 réductions des principales photographies de la collection.

Il n'était pas possible, on le comprend sans peine, de faire graver les 198 photographies de M. Parker; la dépense aurait été énorme et l'importance de l'ouvrage ne la comportait pas. Je me suis borné à reproduire, par l'héliogravure, celles de ces pièces qui sont des plus caractéristiques de l'art romain, et, par la gravure sur acier, les coupes des aqueducs et les 28 dessins de M. Fabio Gori[1]. C'est à l'aide de ces planches et de la carte, que je chercherai à décrire ces magnifiques monuments. Ma tâche sera

[1] On trouvera à la page 169, le catalogue des photographies de M. Parker; j'indiquerai en note les numéros de celles de ces pièces qui se rapportent à chaque aqueduc.

rendue d'autant plus facile, que les emplacements des ouvrages dessinés par M. Fabio Gori sont désignés, sur la carte, par des lettres qui correspondent à celles des gravures.

Appia. — Cet aqueduc a $0^m,80$ de largeur et $1^m,60$ de hauteur. L'aqueduc de l'eau Augusta, qui s'y réunissait aux Gemelles, a $0^m,80$ de largeur et $1^m,60$ de hauteur (Pl. II). La source d'Appia se voit encore au lieu dit *Rustica*, entre le 7ᵉ et le 8ᵉ milliaire de la voie Collatine (Pl. III, fig. S. V.). Appia est, de tous les aqueducs, celui dont il reste le moins de trace. M. Parker a fait des recherches considérables pour en retrouver les ruines et les a fait photographier [1]. L'eau Appia commençait à se distribuer au bas de la descente de Publicius, près de la porte Trigémine, à l'endroit appelé les Salines [2].

Anio vetus et Marcia [3]. — Il est difficile de séparer ces deux aqueducs qui, depuis leur point de départ dans l'Apennin, cheminent toujours côte à côte. Marcia doit surtout être étudié, non-seulement à cause de la célébrité de l'eau qu'il conduisait, mais encore en raison de son mode de construction.

Les premiers aqueducs, Appia, Anio Vetus et surtout Marcia, portent le caractère robuste des maçonneries des peuples primitifs et des bons temps de la Grèce; ils sont construits en pierre de taille très-simplement appareillée, mais ajustée avec précision; on voit que l'ingénieur comptait plus sur la résistance de la pierre que sur celle du mortier.

M. le colonel Blumensthil a montré que le point de départ de Marcia était bien dans les limites du 38ᵉ milliaire de la voie Sublacensis, et que cet aqueduc dérivait la 2ᵉ Sereine. Voici ce qu'il m'écrit à ce sujet :

[1] Pièces nᵒˢ 538, 865, 866, 867, 889, 1109, 1116 de la collection Parker.

[2] FRONTIN, chap. V.

[3] Pièces nᵒˢ 1537, 1538, 1539, 1052, 1053, 1054, 1521, 1526, 1527, 1530 et 1531, pour les parties hautes de l'aqueduc; et pour les parties basses, nᵒˢ 31, 59, 60, 69, 528, 529, 530, 531, 689, 1006, 1028, 1029, 1055, 1054, 1202, 1244, 1435, 1438, 1439, 1487 de la collection Parker.

S V

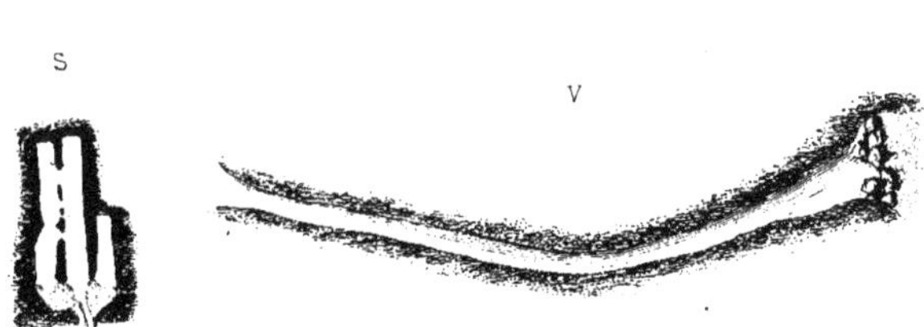

Source d'Appia au lieu dit Rustica.

E

Ruine du Pont Aqueduc de Marcia sous le monastère de St Cosmate. et St Damien près de Vicovaro.

G

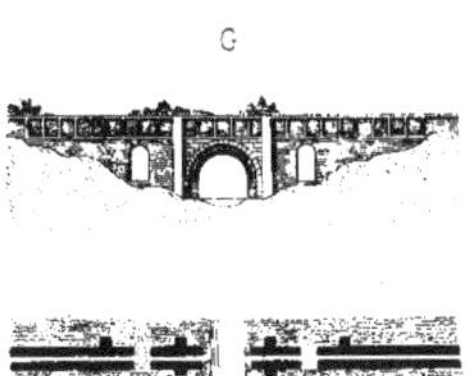

Pont St Pierre Aqueduc de Marcia.

J

Arcades d'Anio Novus Marcia et Anio Vetus, sur le ruisseau Degli Arci

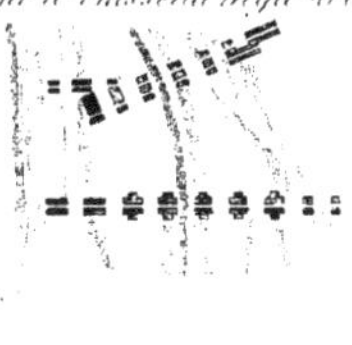

Fabarisse del.

AQUEDUCS ROMAINS _ APPIA ET AQUEDUCS TIBURTINS

« J'ai procédé par voie de fait, j'ai ordonné de faire des fouilles autour de la 2e Sereine, persuadé que les anciens, qui ont tant chanté l'Aqua Marcia, ne se sont pas trompés en choisissant la meilleure source ; et en effet, nous découvrîmes l'ancien aqueduc parfaitement conservé, à très-peu de profondeur sous le sol, avec la construction et les dimensions de la Marcia, se dirigeant vers la 2e Sereine. »

Ces fouilles sont figurées sur l'héliogravure I. On voit parfaitement les ruines de l'aqueduc, encore rempli d'eau.

La section de Marcia est plus grande dans le voisinage des sources; elle a 1m,70 de largeur, sur 2m,50 de hauteur; plus loin, ces dimensions sont réduites à 0m,90 pour la largeur, et à 1m,70 pour la hauteur.

L'aqueduc d'Anio Vetus a 1m,10 de largeur, et 2m,48 de hauteur.

Ces aqueducs, comme je l'ai dit plus haut, suivent terre à terre le fond de la vallée de l'Anio jusqu'à Tibur. Marcia franchissait la rivière à peu près à mi-chemin, près de Vicovaro, où l'on voit encore les ruines du pont qui le supportait, avec son appareil de pierre de taille (Pl. III, fig. E).

On trouve une autre ruine de l'aqueduc dans la même région; elle porte le nom de pont Saint-Pierre (Pl. III, fig. G). Les quatre aqueducs de l'Apennin traversaient la vallée degli Arci (fig. J) sur de magnifiques arcades. Ces ruines sont classées parmi les plus curieuses du pays; celles d'Anio Vetus et de Marcia sont les plus rapprochées de l'Anio. En ceci, M. Fabio Gori est en désaccord avec Fabretti, qui suppose au contraire que les ruines les plus voisines de l'Anio appartenaient à Claudia et à Anio Novus. Il n'est pas étonnant que le célèbre archéologue, qui a si bien débrouillé le tracé des aqueducs, se soit cependant trompé sur quelques points de détail.

A peu de distance de là (Pl. IV, fig. N), nous trouvons une autre ruine très-intéressante de Marcia ; c'est un reste de château d'eau situé à 1 mille 1/2 de Tivoli, sous une plantation d'oliviers ; l'aqueduc primitif se voit de chaque côté, avec son appareil en pierre de taille; le château d'eau, au contraire, a été construit en petits matériaux et par conséquent longtemps après. Cela est d'autant plus certain que deux autres regards, situés en amont, sont aussi en petits matériaux; on voit même, sur l'un d'eux, l'appareil connu sous le nom d'opus reticulatum, fantaisie de maçon d'une date relativement récente.

Ainsi les restaurations ne s'étendaient pas sur de très-grandes longueurs, et cela fait comprendre ce passage de Frontin : « *Eodem anno Agrippa ductus Appiæ, Anionis, Marciæ pene dilapsos restituit*[1]. » Comment Agrippa aurait-il pu rétablir, en une année, des ouvrages énormes, comme les aqueducs Appia, Anio Vetus et Marcia, s'ils avaient été presque détruits? Évidemment ces ouvrages étaient simplement rompus en quelques points; l'eau n'arrivait donc plus à Rome et les aqueducs, aux yeux des usagers, étaient complétement ruinés, tandis qu'ils existaient encore presque en entier; les photographies de M. Parker en sont la preuve. Surtout en ce qui concerne Marcia, le caractère de la construction primitive se retrouve dans la plupart des ruines; les systèmes de construction plus récents ne se voient qu'en certaines localités, où les chances d'accidents étaient sans doute plus grandes. C'est surtout en cela que les ruines de ce célèbre aqueduc sont intéressantes. M. Blumensthil pense cependant, que les restaurateurs, Caracalla surtout, ont fait de grands changements de tracé, en perçant les collines pour obtenir des raccourcis.

On voit, dans la même région, une ruine fort importante d'Anio Vetus (fig. M). C'est un pont-aqueduc composé de 35 voûtes formant deux rangs d'arcades superposées, qui traverse la vallée de Saint-Jean.

Ainsi que je l'ai exposé ci-dessus, les trois aqueducs, Anio Vetus, Marcia et Anio Novus quittent la vallée de l'Anio à Tibur et se développent sur les pentes régulières des monts Ripoli,

[1] Frontin, chap. IX.

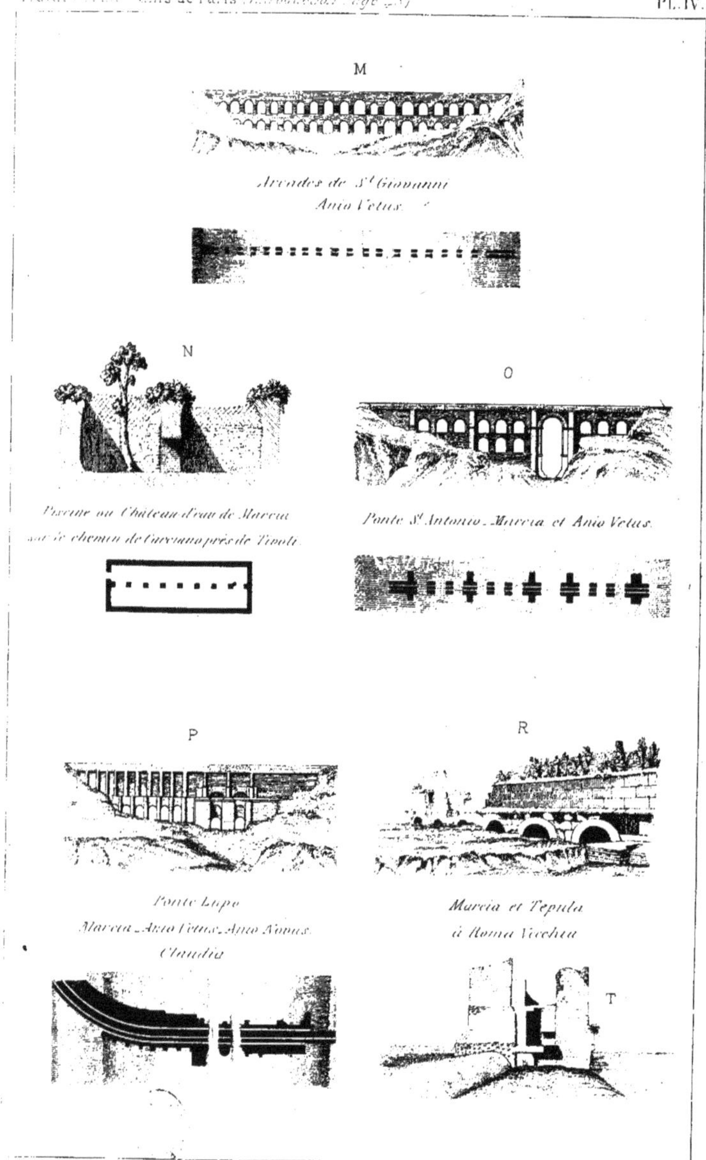

LES AQUEDUCS ROMAINS _ AQUEDUCS TIBURTINS ET TEPULA

Spaccato et S. Angelo. A partir de là, Anio Novus se sépare des deux autres pour rejoindre Claudia, qui a coupé au plus court, en amont des mêmes montagnes. Anio Vetus et Marcia restent donc seuls et rencontrent les premiers ravins de l'Apennin, qu'ils franchissent sur le même pont-aqueduc, aussi à deux rangs d'arcades (fig. O). Cette ruine du pont Saint-Antoine compte parmi les plus belles. Elle a beaucoup d'analogie, par ses formes robustes, et ses contreforts, avec le pont-aqueduc de Marie de Médicis, à Arcueil.

A peu de distance de là, à Ponte-Lupo (Pl. IV, fig. P), Claudia et Anio Novus se rapprochent d'Anio Vetus et de Marcia, pour franchir un profond ravin, sur le même pont-aqueduc, composé d'un double rang d'arcades.

A l'extrémité de ce pont, les aqueducs se séparent de nouveau deux à deux, et gagnent les piscines, vers le 7e milliaire de la voie Latine. C'est là que se trouvent les ruines les plus intéressantes. Anio Vetus rajeuni est devenu l'aqueduc moderne *la Felice*. Marcia sert de support à Tepula, qui lui-même porte Julia. Ce triple aqueduc traverse ainsi la plaine de Roma Vecchia, chacun conservant son type de construction, Marcia construit entièrement en pierre de taille, Tepula et Julia en petits matériaux.

Je donne la figure de ces ruines si caractéristiques, et on peut y suivre la description que Fabretti fait du système de construction de Marcia. (Héliog. II, Pl. IV fig. R et T).

« L'aqueduc est large de 2 pieds et demi (0^m,74), haut de 5 pieds et demi (1^m,63); les parois latérales ont 1 pied et 3 onces (0^m,37) d'épaisseur. Les trois assises qui forment ces parois sont en pierre rouge collatine. Les trois assises des tympans des arcades, en pierre brune (Lutei coloris) de Tusculum; le reste de l'ouvrage en pierre de Gabie de couleur jaunâtre (Subfusco)[1].

L'appareil en pierre de taille, la précision des joints sont visi-

[1] Fabretti, p. 17, dissertation 1.

bles, et contrastent avec la disposition des restes de Tepula construit au-dessus en petits matériaux.

Cet appareil, la voûte en pierre de taille qui supportent Marcia, la dalle qui le recouvre, se retrouvent dans toutes les autres photographies des ruines de cet aqueduc, depuis les piscines jusqu'à Rome, à la tour Fiscale, à S. Lorenzo et à la porte Majeure. L'appareil en pierre de taille manque au contraire à la piscine, qui est plus moderne et a été construite en petits matériaux par Hadrien ou Trajan.

Tepula[1]. — Tepula a été construit en 627, c'est-à-dire dix-neuf ans seulement après l'achèvement de Marcia, et cependant le mode de construction n'est plus le même; en dix-neuf ans les Romains étaient devenus maçons; ils avaient compris qu'avec de bons mortiers et de petits matériaux, on fait des ouvrages aussi solides qu'avec la pierre de taille et à bien moins de frais. Tepula est donc entièrement construit en petits matériaux, ce qui est d'autant plus frappant et caractéristique de la mode du temps, que, sur une longueur de 7 000 pas romains (13 395 mètres), cet aqueduc est superposé à Marcia, construit entièrement en pierre de taille. Les héliogravures II et IV, font voir la superposition des deux aqueducs.

La maçonnerie de Tepula est homogène; on n'y voit pas ces assises de briques alternant avec des arases de moellons, comme dans la plupart des maçonneries romaines, à partir de Trajan et d'Hadrien. L'opus reticulatum ne paraît point encore.

Julia fut construit par Agrippa en 719, c'est-à-dire 92 ans après l'érection de Tepula. A partir des sources, les deux aqueducs cheminent d'abord voisins l'un de l'autre, mais séparés, puis sur 528 pas, montés l'un sur l'autre, Julia au-dessus de Tepula, et ensuite sur 7 000 pas (13 395 mètres), Tepula au-dessus de Marcia et Julia au-dessus de Tepula.

Dans les ruines de la plaine de Roma Veccia représentées sur

[1] Photog. n°s 25 et 26.

C

1er et 2e Lacs Sublacensis.
Anio novus.

D

3e Lac Sublacensis.
Anio novus.

F

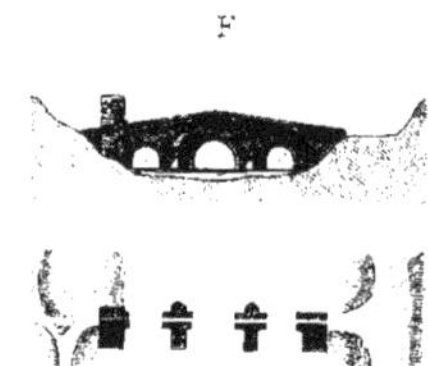

Pont sous Vicovaro.
Construit sur les ruines de Claudia

I

Arcades de Claudia dans la Vallée
Degli Arci

LES AQUEDUCS ROMAINS — AQUEDUCS TIBURTINS

l'héliogravure II, il ne reste plus au-dessus de la dalle de la cunette de Marcia que les restes informes de Tepula ; Julia a totalement disparu. Au contraire sur l'héliogravure IV (porte Majeure) on voit à droite, les trois aqueducs superposés. (Voir aussi Pl. IV, fig. R et T et Pl. VII, fig. 1 et 2.)

Marcia conserve, comme sur toutes les photographies de la collection, son appareil de pierre de taille. Julia et Tepula qui sont figurés au-dessus, semblent érigés à la même époque et par le même ingénieur. En effet les deux aqueducs sont construits en petits matériaux, sans qu'on remarque entre eux aucune solution de continuité : la voûte de Tepula se relie au radier de Julia comme si elle avait été construit en même temps. Agrippa aurait-il reconstruit Tepula d'un bout à l'autre en érigeant Julia ? Julia aboutissait à Rome sur l'Esquilin, où l'on voit encore les ruines magnifiques de son château d'eau. La collection Parker comprend trois belles photographies de ce monument[1], dont les restes sont très-imposants. Suivant M. Parker, il aurait été restauré par Alexandre Sévère, il est entièrement construit en briques. La section transversale de Tepula a $0^{m},80$ de largeur, sur 1 mètre de hauteur; celle de Julia $0^{m},70$ de largeur, sur $1^{m},40$ de hauteur.

Je laisse de côté *Virgo*, qui, dérivé par Agrippa treize ans après Julia, n'offre rien de remarquable, sous le rapport de la construction. L'aqueduc à 2 mètres de hauteur et $0^{m},50$ de largeur.

Claudia et Anio Novus. — J'arrive aux deux plus grands et plus beaux aqueducs romains, construits par Claude, le plus célèbre des empereurs-maçons. Il est difficile de séparer ces deux ouvrages, non-seulement parce qu'ils sont l'œuvre du même constructeur, mais encore parce que leurs tracés, sauf vers Tivoli, marchent presque parallèlement et souvent chevauchent l'un sur l'autre.

[1] Photog. n°s 61, 963, 964.

Je rappelle sommairement que Claudia dérivait trois sources, Curtia, Cærulea et Albudina, aujourd'hui Acqua Santa, lac de Sainte-Lucie, et première Sereine. Le lac de Sainte-Lucie est une pièce d'eau de forme elliptique, de 40 mètres de long sur 27 mètres de large. Augusta, aujourd'hui la Rosolina, pouvait à volonté être jetée dans Claudia ou dans Marcia.

Anio Novus avait sa prise d'eau en rivière, d'abord en amont d'Agosta, vers le 42e milliaire de la voie Sublacensis, plus tard, par les soins de Nerva, beaucoup plus haut, dans la région rocheuse située en amont de Subiaco. (Héliog. V.)

J'ai indiqué ci-dessus la position relative des sources de Marcia et de Claudia. L'origine de ces deux aqueducs était à gauche de la voie Sublacencis, dans l'étendue du 38e milliaire. Celle de Claudia était la plus voisine de Rome. La coupe transversale de Claudia a 1 mètre de largeur, sur 2 mètres de hauteur; celle d'Anio Novus 1 mètre de largeur, sur 2^{m},70 de hauteur. Trajan ajouta à cet aqueduc, vers la prise d'eau, une seconde cunette d'environ 0^{m},50 de largeur (point B de la carte).

D'après Pline, tous les aqueducs le cèdent en beauté à Claudia et à Anio Novus. On alloua pour leur construction 55 500 000 sesterces[1], 14 985 000 francs de notre monnaie, en comptant le sesterce pour 0^{fr},27; la longueur totale des deux aqueducs étant de 156 082 mètres, le prix du mètre courant ressort à 94 francs, prix qui paraîtra très-élevé pour cette époque éloignée, surtout si l'on considère qu'en raison de leur forte pente, la section des deux aqueducs n'était pas très-grande, et que, dans les parties en arcades, ils étaient construits l'un au-dessus de l'autre.

La collection Parker comprend quarante-sept photographies des ruines de Claudia et d'Anio Novus, entre les sources et les murs de Rome; neuf[2] s'appliquent à la partie supérieure, vers les sources. Elles font voir que cette partie de la vallée de l'Anio est

[1] PLINE, *le Natur.*, liv. XXXVI, chap. XXIV, § 12. J'adopte la valeur du sesterce donné par Rondelet.

[2] Photog. n°s 1514, 1515, 1516, 1517, 1518, 1519, 1536, 1555 et 1556.

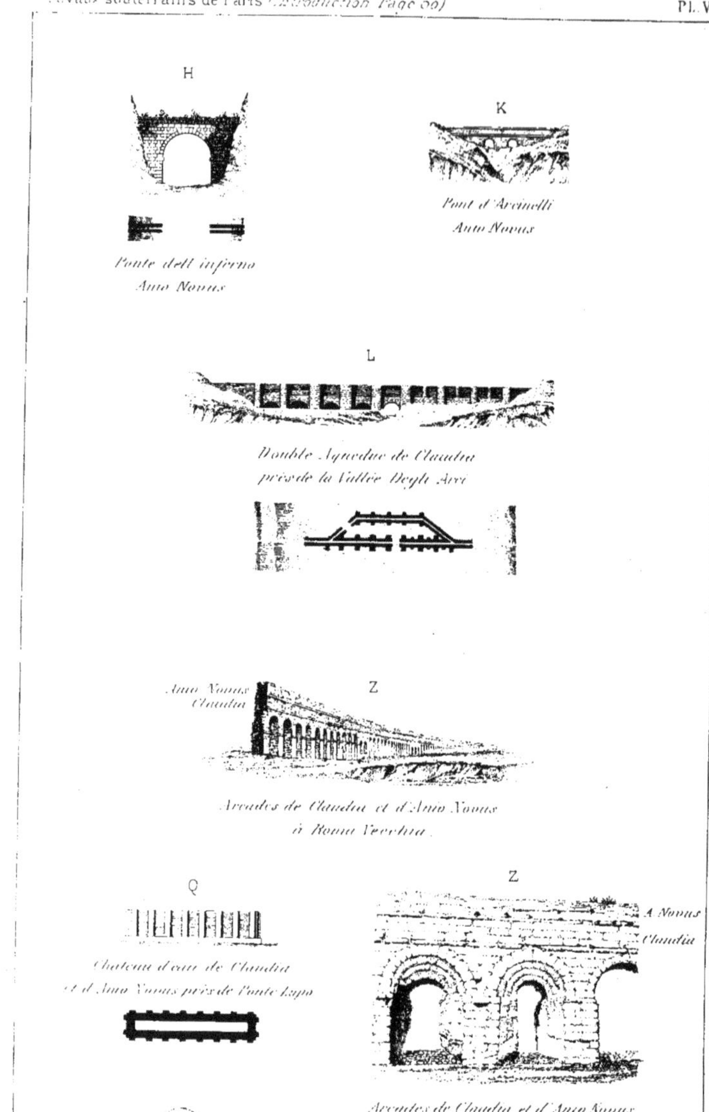

LES AQUEDUCS ROMAINS _ CLAUDIA _ ANIO NOVUS

large et bien ouverte; les montagnes en forment le dernier plan, le lointain et le paysage sont plutôt riants que pittoresques. Les eaux pluviales se chargent donc facilement de limon dans ces terrains meubles, et troublent le cours de la rivière.

L'héliogravure V donne une idée très-nette de cette région pierreuse dont parle Frontin, qui forme le bassin supérieur de l'Anio en amont de Sabiaco; la vallée n'est, à proprement parler, qu'une gorge étroite ouverte dans une masse calcaire. Les pluies ne peuvent donc entraîner dans le torrent une grande quantité de limon. C'est à l'issue de ces gorges, que se trouvent les ruines du Nymphœum ou maison de campagne de Néron, dite Sublacencis, et le réservoir au bas duquel Nerva reporta la prise d'eau d'Anio Novus, pour avoir de l'eau plus limpide[1]. Les successeurs de ce prince favorisèrent encore la clarification de l'eau, en créant deux autres réservoirs ou lacs dans le lit même de la rivière.

Dans l'origine, la prise d'eau d'Anio Novus avait lieu vers le 42e milliaire de la voie Sublacensis, c'est-à-dire à 6 kilomètres en amont des sources de Marcia et de Claudia; comme c'était une prise d'eau en rivière, peu élevée par conséquent au-dessus du fond de la vallée, il est possible que son altitude ne fût pas plus grande que celle de ces sources; les niveaux, dans tous les cas, devaient être peu différents. On ne comprend donc pas pourquoi cet aqueduc, construit par Claude comme Claudia, ne suivait pas le tracé rationnel de ce dernier; à partir de la vallée Degli Arci, il cheminait avec Marcia et Anio Vetus, en faisant un long détour vers Tivoli, pour doubler les monts Ripoli, Spaccato et S. Angelo, du côté d'aval, tandis que Claudia prenait un tracé beaucoup plus court en les longeant du côté d'amont; de là la différence énorme de longueur de ces deux aqueducs, commençant et aboutissant aux mêmes points (68 312 mètres et 87 169 mètres).

[1] FRONTIN, chap. XCIII.

Claudia franchissait l'Anio vers Vicovaro; les ruines du pont existent encore (fig. F). A la traversée du ruisseau degli Arci[1] se trouvent des ruines très-intéressantes, décrites avec beaucoup de soin par Fabretti, qui s'est néanmoins trompé dans leur classification. Suivant lui, les plus rapprochées de l'Anio appartiennent à Claudia ; viennent ensuite celles d'Anio Novus.

D'après la carte de M. Fabio Gori, les ruines les plus rapprochées de l'Anio sont celles d'Anio Vetus ; viennent ensuite celles de Marcia, qui se reconnaissent à leur appareil en pierre de taille ; puis, celles d'Anio Novus, construites en petits matériaux, qui en constituent toute la masse. La tour médiévale s'élève aujourd'hui à l'extrémité de la seule pile qui soit encore debout (héliog. VI). M. Parker attribue à tort ces ruines à Claudia, dont les arcades, d'après la carte de M. Fabio Gori, franchissent la vallée à une assez grande distance en amont, et sont remarquables par leur hauteur (Pl. V, fig. L).

On voit encore une ruine d'Anio Novus, le pont d'Enfer, (fig. H), et d'autres traces du même aqueduc, mais moins importantes, en divers points, entre la vallée de l'Anio et Ponte-Lupo, notamment à Arcinelli (fig. K). D'autres arcades très-importantes de Claudia s'élèvent en amont de la vallée degli Arci, et forment un double aqueduc (fig. I).

M. Parker commet une erreur, en attribuant le pont Saint-Antoine, une des plus belles ruines de la contrée, à Claudia et Anio Novus. On a vu ci-dessus que ce pont portait Anio Vetus et Marcia ; Claudia et Anio Novus n'en passaient pas bien loin ; le pont Saint-Antoine est probablement une restauration, car il est construit entièrement en petits matériaux ; c'est ce qui a pu tromper M. Parker.

La traversée de la campagne de Rome par ces deux aqueducs

[1] Six photographies de la collection Parker représentent les ruines des deux aqueducs près de Tivoli, n°s 1052, 1053, 1532, 1523, 1524 et 1339 de la collection.

Tour fiscale, nœud de six aqueducs à 3 milles de Rome

Côté occidental *Côté oriental*

Fig. 1.

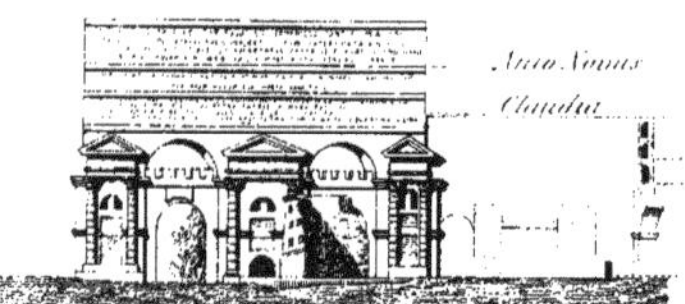

Vue de la porte Labicane
Porte majeure et des cinq aqueducs.

Fig. 2.

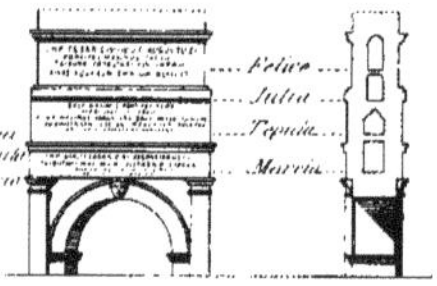

Felice
Julia
Tepula
Marcia

Les quatre Aqueducs
de la Porte St Laurent.

Z

Severiana près d'une Tour
à quatre lieues d'Albano

U

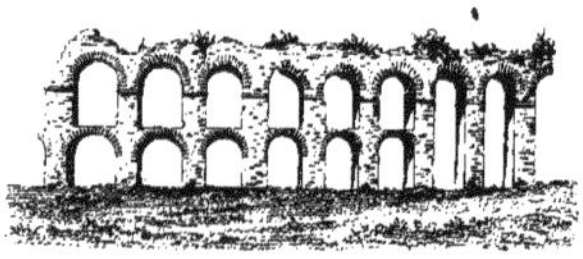

Arcades d'Hadriana à Centocelle

LES AQUEDUCS [illegible]MAINS. CAMPAGNE DE ROME

est représentée, dans la collection, par vingt-cinq photographies[1]. En se rapprochant de la ville éternelle, la construction prend un caractère de magnificence; les petits matériaux sont abandonnés et les aqueducs sont construits entièrement en pierre de taille et en brique. Ils chevauchent l'un sur l'autre depuis le 7e milliaire, Anio Novus surmontant partout Claudia. Les piscines qu'ils traversent, avant de se réunir, ont l'aspect de simples tumulus.

A 2 milles de là se trouve la plaine de Roma Vecchia, si remarquable par les ruines des aqueducs. Claudia, surmonté d'Anio Novus, se distingue entre tous. Sa longue file de hautes arcades s'étend à perte de vue. J'ai visité cette plaine, et je puis dire que les plus hautes et les plus belles montagnes ne laissent pas dans l'esprit une impression aussi forte, que ce plateau désolé, que ce grossier pâturage, triste preuve de l'abaissement du présent, qui contraste si étrangement avec ces ruines, un des plus grands témoignages de la puissance du passé. Les héliogravures nos 7 et 8 font voir les détails de cette construction. Claudia est entièrement appareillée en pierre de taille; les pieds-droits sont composés, suivant la hauteur comprise entre le sol et la ligne des naissances, d'un nombre irrégulier d'assises. Un cordon de forme demi-circulaire, haut de 0m,45 (1p 1/2)[2], dessine cette ligne. L'ouverture des voûtes paraît varier de 5m,40 à 6 mètres (de 18 à 20 pieds), l'épaisseur à la clef est d'environ 3 pieds, ou de 0m,90. Les clefs de voûte font partie du radier de l'aqueduc; le cordon de 0m,45 (1p 1/2) qui les surmonte, est la première assise des pieds-droits de la cunette, qui comprend en outre trois autres assises; la dalle forme un troisième cordon demi-circulaire, de même épaisseur que les autres. La hauteur de la cunette est de 2 mètres, sa largeur de 1 mètre.

Au-dessus s'élève Anio Novus, entièrement construit en bri-

[1] Photog. nos 31, 62, 63, 65, 66, 68, 70, 74, 75, 77, 528, 529, 530, 531, 547, 548, 549, 550, 552, 689, 1002, 1003, 1004, 1005 et 1439 de la collection.

[2] Dans tout ce passage, il est question du pied romain.

ques. La cunette a 1 mètre de largeur sur 1^{m},30 de hauteur.

L'épaisseur des piles aux naissances varie de 2^{m},40 à 2^{m},45; toutes forment culée. Aussi, quoique l'aqueduc soit rompu en plus d'un point, les arches voisines des ruptures n'ont pas poussé au vide. (voy. Héliog. VII, fig. Z.)

Certaines arcades ont été soutenues par des arcs doubleaux en briques, de plus de 2 mètres d'épaisseur à la clef (héliog. VIII). Pourquoi ces travaux confortatifs dans une construction, qui ne pèche que par excès de solidité? Voici l'explication que je hasarde : je démontrerai, en décrivant l'aqueduc de la Vanne, que les aqueducs supportés par des arcades éprouvent, par l'effet des variations de température, de légères avaries qui se manifestent par des fissures et des fuites d'eau. En hiver, lorsqu'ils portent des eaux de rivières, des fissures transversales s'ouvrent tous les 12 à 15 mètres; en été, des fissures longitudinales se montrent çà et là dans les parois latérales. Je crois que les arcs doubleaux en briques, correspondaient à des arches fissurées transversalement. Les Romains croyaient sans doute que ces fissures, dues à des variations de température, devaient être attribuées à une insuffisance d'épaisseur des voûtes, ce qui est une erreur; ces fissures ne peuvent compromettre la solidité d'un aqueduc aussi fortement appareillé que Claudia. J'ai dit ci-dessus que les plus hautes arcades avaient jusqu'à 109 pieds (32^{m},40) de hauteur.

A 3 milles de Rome le double aqueduc atteint la tour Fiscale, ce singulier nœud de six aqueducs. Les arcades, qui supportent Marcia, Tepula, Julia, coupent à angle droit celles de Claudia et d'Anio Novus, et sont parallèles à la Felice (Pl. VII et VIII).

A 1 mille de la Tour Fiscale, à Porta-Furba, on retrouve les ruines des arcades du double aqueduc; on en voit la coupe à travers les ruines d'un château d'eau de Claudia, construit entièrement en briques; à droite on voit les arcades plus basse de la Felice. (Héliog. III.)

L'héliogravure IV fait voir, en coupe, les cinq aqueducs de la

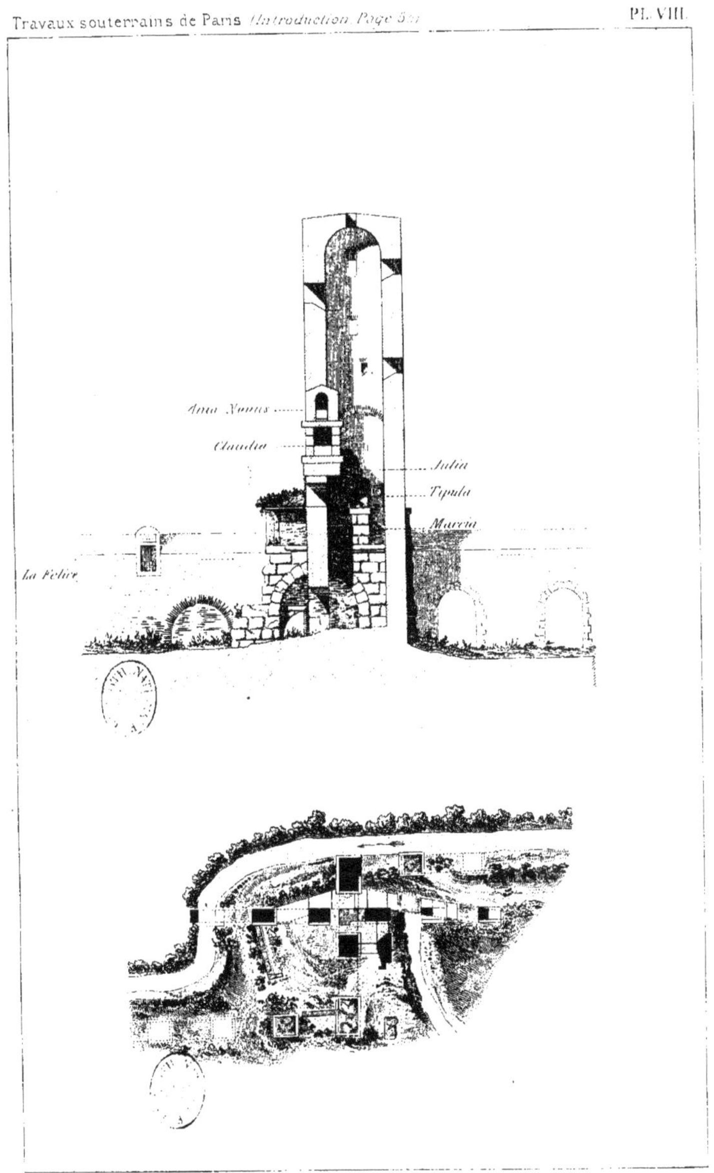

Fabio Gori del.

PLAN ET COUPE DE LA TOUR FISCALE

au croisement de six Aqueducs à 3 milles de Rome

porte Majeure. Anio Vetus et Claudia sont à gauche, au-dessus de leurs hautes arcades. Marcia, Tepula et Julia sont à droite, vers les bords de la figure. Les briques d'Anio Novus ont fait place à la pierre de taille. Les deux aqueducs superposés se voient encore dans les jardins du palais Sessorien, aujourd'hui Santa-Croce, où se trouvent les restes de leur château d'eau commun, encastrés dans le mur d'enceinte de la ville; sept photographies représentent ces ruines [1]. Les héliogravures III et IX font voir que ces châteaux d'eau dont les ruines sont si imposantes, ne contenaient qu'une petite quantité d'eau; c'étaient de simples cuvettes de distribution, qui n'avaient aucun rapport avec nos grands réservoirs modernes, dont la capacité s'élève jusqu'à 150 et 300 000 mètres d'eau.

C'est probablement dans ce château d'eau, que se mélangeaient les eaux de Claudia et d'Anio Novus, maladresse des fontainiers signalée par Frontin [2]. Et, en effet, à partir de là, les arcs néroniens, qui forment la prolongation de l'aqueduc, n'ont plus qu'une seule cunette, destinée à Claudia seule, mais dans laquelle les deux eaux étaient mélangées.

Cela semble résulter du passage suivant de Frontin. « *Finiuntur arcus earum (Claudiæ et Anionis Novi) post hortos Pallantianos, et inde in usum urbis fistulis deducuntur : partem tamen sui Claudia priùs in arcus, qui vocantur Neroniani, ad Spem Veterem transfert* [3]. »

Ce passage semble indiquer que le mélange volontaire ou involontaire des deux eaux, soit sur les arcs Néroniens, soit dans les conduites de plomb qui les distribuaient en ville, ne pouvait commencer qu'au château d'eau, point de départ des arcs Néroniens, puisque jusque-là, ces eaux coulaient dans deux aqueducs différents.

[1] Photog. n°s 398 *a*, 398 *b*, 544, 546, 547, 553 et 554.

[2] *(Claudia) quæ per multa millia passuum, proprio ducta rivo, Romæ demum cum Anione permixta, in hoc tempus perdebat proprietatem* (FRONTIN, chap, XCI).

[3] FRONTIN, chap. XX.

Arcs Néroniens[1]. — Cette magnifique construction longeait le Cœlius jusqu'au temple de Claude. Une branche s'en détachait pour desservir la nymphée de Néron, sur le Cœlius et se prolongeait jusqu'au palais impérial du Palatin.

Elle se composait tantôt d'un simple rang d'arcades, tantôt d'arcades doubles. Le parement était généralement en briques. Suivant Fabretti[2], la cunette unique, portée sur ces arcades, avait 2^{p},9 pouces (0^{m},83) de largeur, 5^{p},1/2 (1^{m},63) de hauteur jusqu'aux naissances. Le rayon de la voûte était de 1^{p},1/2 (0^{m},45), les parois latérales avaient 1^{p},10 pouces 1/2 d'épaisseur (0^{m},56). L'ouverture des arcades les plus larges était de 27 pieds 1/2 (8^{m},17); celle des plus étroites, de 18 pieds 1/2 (5^{m},49). Cette ouverture variait avec la hauteur des pieds-droits.

Les briques des ruines de ces arcades sont de diverses grandeurs. Celles de l'intérieur de la voûte ont 2 pieds (0^{m},59), celles des parements 1 pied et 4 pouces (0^{m},40). On remarque dans les voûtes, un intéressant détail de construction, lorsque la destruction du parement permet de voir le remplissage. Cette maçonnerie est divisée en voussoirs par de grandes briques (probablement celles de 2 pieds), entre lesquelles le remplissage est formé de petits matériaux. Une fissure, se déclarant dans une voûte ainsi appareillée, suit nécessairement le plan de joint déterminé par les grandes briques, c'est-à-dire un plan normal à la douelle, ce qui est favorable à la stabilité[3]. Ce procédé de construction a été très en usage sous les Empereurs (Voir l'ouvrage de M. Choisy sur les constructions anciennes). L'héliogravure X représente un arc Néronien, dans lequel le parement de tête est ruiné et laisse voir cet appareil intérieur.

Les restes du château d'eau qui termine l'aqueduc Néronien

[1] Photog. n°s 1428, 1429, 1434, 1436 de la collection Parker.

[2] Fabretti, Dissertation 1, p. 24.

[3] Les constructeurs repoussent avec raison les voûtes en béton, parce que les fissures se font suivant des directions quelconques, ce qui amène dans beaucoup de cas, la chute de l'ouvrage. On éviterait les accidents, en disposant le béton en voussoirs limités par des briques, comme dans les arcs Néroniens.

se voient au-dessus de l'arche Dolabelle (Héliog. IX). C'est un exemple d'ouvrages de styles différents, érigés l'un au-dessus de l'autre et dans les meilleurs temps de l'architecture romaine.

On en voit un autre exemple plus frappant encore près des thermes de Caracalla; l'aqueduc Antoniana, dérivé de Marcia pour alimenter ces thermes, est construit en petit appareil de moellons et passe au-dessus de l'arc de Drusus, monument en pierre de taille de style corinthien. Les anciens ne se préoccupaient donc guère de ces disparates, non plus que des défauts de symétrie. J'ai déjà fait remarquer que les arcs de Claudia ne sont pas égaux; les diamètres sont variables comme l'épaisseur des piles. Ce mépris de la symétrie a duré jusqu'à la fin de la renaissance, et on le remarque dans les monuments les plus célèbres de la France et de l'Italie.

En ce qui concerne les aqueducs, il est évident que la symétrie n'a aucune raison d'être. En somme, un aqueduc n'est qu'une conduite d'eau; ce n'est que par accident, par la disposition fortuite du sol, qu'il devient un monument, et alors c'est bien plus par sa masse, que par les décorations dont on peut l'enrichir, qu'il frappe l'imagination. Presque toujours construites loin des centres de population, il est rare que les plus hautes arcades excitent la curiosité de la foule. C'est, pour ainsi dire, par hasard qu'elles attirent l'œil du voyageur et toujours à des distances où les détails disparaissent. Dans ces conditions, les coûteuses décorations architecturales ne peuvent se justifier.

Hadriana [1]. — Ainsi que je l'ai dit en commençant, cette introduction est plutôt technique qu'archéologique. Des aqueducs construits depuis Frontin, je ne décrirai donc qu'Hadriana, qui présente de précieux détails de construction.

Fabretti en a fait une intéressante et complète étude.

[1] Photog. n°s 62, 63, 66, 72, 76, 77, 78, 79, 116, 131, 305, 357, 358, 556 et 759 de la collection Parker.

Les sources, qui alimentaient cet aqueduc, appartiennent à la campagne de Rome et sortent probablement de la même nappe d'eau que celles de l'aqueduc Felice, dont elles sont très-voisines.

D'après la carte de M. Fabio Gori, l'aqueduc commençait au lieu dit Rifolta, comme l'aqueduc de l'eau Felice, près de l'ancienne voie Prénestine.

Par suite d'une singulière déviation du tracé, dont j'ai déjà dit quelques mots, l'aqueduc s'éloigne de la naissance des ravins de la campagne de Rome, s'élève à une grande hauteur au-dessus du fond de ces ravins, et par conséquent est supporté presque partout par de hautes arcades. Ses ruines sont comptées parmi les plus imposantes. J'emprunte à Fabretti l'énumération des principaux ouvrages de cette dérivation.

J'ai reproduit sur ma carte les numéros d'ordre de la carte de Fabretti.

1° Dernière substruction de l'aqueduc, dans la vigne des chartreux, près de la voie Labicane.
2° 52 arcades dans la vallée d'Acqua-Bollicante.
3° Substruction après l'intersection de la voie Labicane.
4° 92 arcades (les plus élevées) à Casa-Rossa. (Centocelle, pl. VII, fig. U.)
5° 7 — (médiocrement élevées), dans une petite vallée voisine.
6° 23 — dans une autre vallée.
7° 18 — —
8° Aqueduc dérivé, à gauche de l'aqueduc principal, sous Casa-Calda.
9° 102 arcades, qui occupent deux vallées successives.
10° 28 — sur la vallée de la Marrana.
11° 22 — dans la vallée suivante, disposées en courbe.
12° 50 — également en courbe.
13° Aqueduc dérivé, à droite de l'aqueduc principal.
14° Arcade unique, au milieu d'une substruction de 12 pas.
15° 28 arcades sous Casale-di-Tor-d'Angeli, les plus rapprochées de la voie Prénestine.
16° 4 arcades plus petites et presque détruites.
17° Arcade unique construite en forte pierre des Gabiniens, sur un ruisseau.
18° Cinq puits (regards) et indication de trois autres, décrits séparément.
19° Autre regard semblable aux précédents.

20° Nouvelle émersion de substruction, sous Casale di S. Antonio, après une longue tranchée.
21° 67 arcades, après l'étable connue sous le nom de Procoio di Pantano.
22° 62 arcades, au milieu d'une plaine.
23° 45 — les premières de l'aqueduc.
24° Piscina limaria, décrite à part.

Les arcades, comptées par Fabretti, sont donc au nombre de 602, elles sont construites en briques; leur ouverture, d'après les deux figures données par le même auteur, varie de 10^p^,6 onces (2^m^,12) à 12 pieds (3^m^,56).

A divers intervalles, la voûte des arcades est percée de regards ou ventilateurs, formant des carrés de 2 pieds (0^m^,59).

Les puits (regards ou ventilateurs) indiqués au tableau sous les n°s 18 et 19, ont également 2 pieds en carré. Leurs parois ont un peu plus de 2 pieds d'épaisseur; ils sont construits en tuf alternant avec des briques, et sont placés sur le côté de l'aqueduc pour en faciliter l'accès.

Le vide de la piscine épuratoire, indiquée sous le n° 24, est un rectangle de 46 pieds (13^m^,66) de longueur sur 36 pieds (10^m^,79) de largeur.

Fabretti pense que l'eau s'y clarifiait. Est-il nécessaire de dire que cela n'était pas possible? Elle en sortait dans le même état qu'en y entrant; un aussi petit réservoir ne peut épurer un grand volume d'eau. Les graviers et autres matières volumineuses et lourdes, y restaient seules.

D'après les figures données par Fabretti, l'ouverture de l'aqueduc variait de 2^p^,1/2 à 2^p^,8 pouces.

L'eau était incrustante (comme celle de Felice). Sur certains points, l'aqueduc est presque rempli par les dépôts. Le plus souvent, il est obstrué aux trois quarts[1]. Dans les parties où des fuites et exsudations se sont manifestées sur la paroi extérieure, les incrustations forment des masses énormes, qui ressemblent

[1] *Ad dodrantis intercapedinem.*

à une charrette chargée de foin[1]. Fabretti fait remarquer que ce vice d'Hadriana existe aussi dans les eaux Tiburtines, et notamment dans Marcia. Cette eau, suivant Pline, *accordée à Rome par la munificence des dieux,* formait des incrustations plus épaisses et surtout plus compactes que celles d'Hadriana.

Cette remarque de Fabretti est importante ; la dureté des incrustations prouve que l'eau Marcia était plus limpide et plus rarement troublée qu'Hadriana.

Fabretti dit qu'il a longtemps cherché pourquoi l'architecte, méprisant la ligne droite qui aurait diminué de beaucoup la hauteur des arcades, semble avoir cherché les vallées profondes.

Ce singulier tracé lui semble justifié, par la solidité des terrains qui portent les fondations, par la meilleure qualité des matériaux de construction, notamment des mortiers. La raison véritable est peut-être celle qu'il donne la dernière : « Le constructeur s'est peut-être laissé séduire par l'idée de faire une œuvre magnifique : les arcades en certains points s'élèvent à 70 pieds de hauteur ($20^{m},79$). »

J'ai dit qu'on trouverait, à la page 169, le catalogue des photographies de la collection Parker, qui représentent toutes les ruines des aqueducs visibles aujourd'hui. La très-courte explication qui correspond à chaque planche, indique suffisamment la position de la ruine, et complète ainsi la description qui précède.

On voit sur toutes les figures des arcades, que les piles qui séparaient les voûtes avaient une épaisseur au moins égale à la moitié, quelquefois à la totalité de l'ouverture de ces voûtes ; dans ce système de construction, il y a certainement exagération de solidité qui se justifiait sans doute, à ces époques anciennes, par le bas prix de la main d'œuvre.

[1] *Quæ vehem fœni onustam imitantur.* La photographie n° 1436 de la Collection Parker donne un curieux spécimen de ces incrustations comparables à celles de Sainte-Allyre à Clermont-Ferrand.

CHAPITRE IV

DÉTAILS DIVERS

Pentes des aqueducs. — Vitruve fixe la pente minimum des aqueducs à $\frac{1}{200}$, ce qui équivaut à 5 mètres par kilomètre[1]. Cela est d'autant plus singulier, qu'à l'époque où il écrivait son livre, sept des aqueducs existaient déjà, tous avec des pentes beaucoup moindres. Scamozzi réduit cette pente à $\frac{1}{500}$ ou à 2 mètres par kilomètre. Est-il nécessaire de dire que cet élément du tracé ne peut être fixé ainsi *a priori*, et qu'il dépend de la grandeur de l'aqueduc, du volume d'eau à débiter et surtout, de la différence de niveau qui existe entre les points de départ et d'arrivée? Il suffit, dans la plupart des cas, que la pente soit assez grande pour que l'aqueduc ne s'engorge pas par des dépôts vaseux, c'est-à-dire pour que l'eau ait une vitesse moyenne de $0^m,30$ par seconde au moins, et on arrive à ce résultat, lorsque l'aqueduc est grand comme sont ceux de Rome et de Paris, avec des pentes de $0^m,10$ à $0^m,15$ par kilomètre.

Rondelet a fait de nombreux nivellements sur les ruines des

[1] *Ductus autem aquæ fiunt generibus tribus, rivis per canales structiles, aut fistulis plumbeis, seu tubulis fictilibus, quorum eæ rationes sunt, si canalibus, ut structura fiat quam solidissima, solum que rivi libramenta habeat fastigata, ne minus in centenos pedes semipede...* VITRUVE, liber VIII, chap. VII.

aqueducs romains, et il est arrivé à fixer ainsi leurs pentes approximativement : depuis Rome jusqu'aux piscines, situées vers le septième milliaire, la pente est de 1^m^,543 par kilomètre, et, de là aux sources, de 2^m^,315.

Il a déterminé, au moyen de ces pentes, les altitudes d'un certain nombre de ces aqueducs à leur arrivée à Rome et aux sources ; malheureusement, ces altitudes ne cadrent pas avec d'autres documents qu'il donne. Voici l'ensemble de ces chiffres, que je complète par les cotes beaucoup plus précises de M. Blumensthil.

NOMS DES AQUEDUCS	RADIER DU CANAL A LA PORTE MAJEURE		ALTITUDES AUX SOURCES (Rondelet p. 168 et 169)	ALTITUDES A L'ARRIVÉE A ROME (Blumensthil)	ALTITUDES DE LA SURFACE DE L'EAU AU MÊME POINT (Blumensthil)	OBSERVATIONS
	HAUTEURS AU-DESSUS DU QUAI DU TIBRE VERS LA CLOACA MAXIMA (Rondelet, d'ap. Piranesi)	ALTITUDES CORRESPONDANTES (Rondelet p. 168 et 169)				
	1	2	3	4	5	
Anio novus.	47,52 (*a*)	75,53	250	63,27	»	(*a*) Faute d'impression Anio novus étant construit au-dessus de Claudia, la différence de niveau des radiers dépasse certainement 0^m^,10. Les différences entre les nombres des colonnes 1 et 2 devraient être constantes ; elles sont au contraire variables. Les nombres de Rondelet ne sont pas concordants. (*b*) Extrémité du siphon de Tivoli.
Claudia.	47,42 (*a*)	»	232	61,12	»	
Julia.	39,71	62,04	»	57,53	»	
Tepula.	38,23	60,72	»	56,07		
Maria.	37,48	»	252	54,15		
Anio vetus.	23,17	53,27	183	»		
Virgo.	10,43	38,58	70	»		
Appia.	8,37	36,29	62	»	»	
AQUEDUCS MODERNES						
Vergine.				18,40	20,50	
Felice.				58,68	59,72	
Paola.				70,72	71,16	
Pia.		318,00		»	80,00 (*b*)	

On connaît exactement, aujourd'hui, l'altitude des sources de Claudia et de Marcia. L'altitude de la 2e Sereine, principale source de Marcia, est 317 mètres.

L'altitude de départ de Claudia étant sensiblement la même, la cote de Rondelet (252 mètres) est de 65 mètres trop petite.

Les prises d'eau d'Anio Vetus, et surtout d'Anio Novus, devaient être aussi très-élevées, presque à l'altitude des sources de

Claudia et de Marcia; donc les cotes de départ 183 et 250, données par Rondelet, dans la colonne n° 3, sont trop faibles.

Ces erreurs, commises par un ingénieur aussi distingué que Rondelet, ne peuvent tenir à des fautes de nivellement. Il est très-probable qu'il n'a pas tenu compte des pertes de pente, faites volontairement par les ingénieurs romains, pour faciliter leur tracé, sur la déclivité de l'Apennin surtout; une grande partie de la pente devait être ainsi perdue par des chutes.

C'est ce que n'a pas manqué de faire l'habile ingénieur qui a dirigé les travaux du nouvel aqueduc Pía, qui remplace l'antique Marcia. La pente kilométrique moyenne des 26 kilomètres d'aqueduc compris entre les sources et Tivoli, est de $4^{m},25$, c'est-à-dire beaucoup trop forte. M. Blumensthil n'a pas hésité à en perdre une très-grande partie par des chutes. On peut obtenir ainsi des raccourcissements considérables, éviter des arcades et des siphons dispendieux.

Il est certain que ces pertes de pente n'étaient pas utiles dans les aqueducs de la campagne de Rome, Appia, Julia, Tepula et Virgo.

Les chiffres de Rondelet sont donc beaucoup plus rapprochés de la vérité pour ces derniers aqueducs que pour les autres; ils sont suffisamment exacts pour permettre de constater que l'eau du plus bas aqueduc de Rome aurait pu être conduite à une altitude telle qu'elle aurait pu desservir presque toute la ville.

Prenons, par exemple, Virgo, qui ne desservait que les points les plus bas de Rome; admettons que la pente ait été réglée au minimum que j'admets aujourd'hui, à $0^{m},10$ par kilomètre; la longueur de l'aqueduc étant de 21 kilomètres en nombre rond,

la pente totale entre la source et Rome, aurait été de. .	$2^{m},10$
l'altitude de la source étant, d'après Rondelet. . .	$70^{m},00$
l'altitude d'arrivée aurait été.	$67^{m},90$

c'est-à-dire presque égale à celle des plus hauts aqueducs (voir le tableau qui précède).

Or, d'après Scharbruk, les altitudes des collines romaines sont :

Aventin.	50,55	Palatin.	65,83
Capitolin.	61,29	Esquilin.	72,00
Cœlio.	62,27		

L'excellente eau Virgo aurait donc pu être distribuée presque partout à rez-de-chaussée, tandis qu'elle arrive encore à Rome, à $10^m,43$ seulement au-dessus du quai du Tibre.

Je dois à l'obligeance de M. l'ingénieur Darcel un précieux renseignement qu'il tient de M. Blumensthil lui-même.

L'aqueduc de Marcia avait, vers les sources, $2^m,50$ de hauteur, et $1^m,70$ de largeur. Le titre hydrotimétrique de l'eau étant 28° (voir ci-dessus), elle est incrustante ; elle a laissé dans l'aqueduc deux dépôts calcaires, l'un épais, correspondant aux eaux ordinaires, qui s'élève à $0^m,50$ ou $0^m,60$ au-dessus du radier, l'autre, plus mince, correspondant aux hautes eaux, qui s'élève à un mètre.

MARCIA ANCIENNE	PIA (MARCIA NOUVELLE)	DHUIS	VANNE
Débit : 1170 lit. par seconde.	Débit : 950 lit. par seconde.	Débit : 500 lit. par seconde.	Débit : 1160 lit. par seconde.
Pente kil., d'ap. Rondelet, $2^m,32$.	Pente kil., environ $0^m.60$	Pente kil., $0^m,10$.	Pente kil., $0^m,12$.

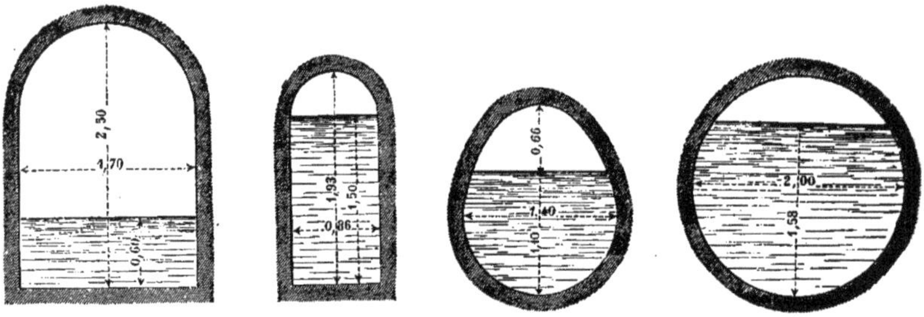

Ce renseignement me permet de terminer cette discussion en donnant, sur les croquis ci-dessus, la section mouillée des aqueducs Marcia, Pia (Marcia nouvelle), de la Dhuis et de la Vanne.

[1] J'ai attribué 1170 litres par seconde à la portée de Marcia, d'après M. Blumensthil.

Des instruments de nivellement. — Cette exagération des pentes des aqueducs, qui dérivaient les eaux des sources les plus voisines de Rome, tenait certainement à l'imperfection des instruments de nivellement. Voici, d'après Vitruve, la description des niveaux employés à cette époque.

« Il faut maintenant expliquer les moyens qu'il y a de bien conduire l'eau aux bourgs et au dedans des villes. Le principal est d'en bien prendre le niveau, ce qui se fait, ou avec des dioptres ou avec les balances dont on se sert ordinairement pour niveler les eaux, ou avec le chorobate, qui est plus sûr, parce que l'on peut se tromper avec les dioptres et avec les balances.

« Le chorobate est composé d'une règle longue environ de 20 pieds, et de deux autres bouts de règle joints à l'équerre avec les extrémités de la règle, en forme de coude, et de deux autres tringles qui sont entre la règle et les extrémités des pièces coudées, sur lesquelles on marque des lignes perpendiculaires, et sur ces lignes pendent des plombs attachés de chaque côté à la règle. L'usage du chorobate est : lorsque l'instrument sera placé, si les plombs touchent également les lignes qui sont marquées sur les tringles transversales, ils feront voir que la machine est à niveau. Que si l'on craint que le vent empêche les plombs de s'arrêter pour faire connaître s'ils tombent sur la ligne perpendiculaire, il faudra creuser sur le haut de la règle un canal de la longueur de cinq pieds, large d'un doigt, et creux d'un doigt et demi, et y verser de l'eau ; si l'eau touche également le haut des bords du canal, on ne pourra douter que le chorobate ne soit à niveau, et, par ce moyen, on pourra être assuré de la hauteur de l'eau, et quelle sera sa pente.

« Quelqu'un qui aura lu Archimède pourra dire que l'eau n'est point propre à niveler juste, parce que cet auteur estime que l'eau n'a point cette ligne droite qui est nécessaire pour bien niveler, d'autant qu'elle conserve toujours une rondeur dans sa superficie, qui fait une portion de cercle dont le centre est celui de la terre. Mais, soit que l'eau soit droite, soit qu'elle soit courbée dans sa superficie, il est toujours vrai que les deux bouts du canal, qui est dans la règle, soutiennent l'eau également, et que si le canal est penché d'un côté, l'eau qui sera à l'autre bout, qui est plus élevé, ne touchera plus le haut du bord du canal. Car quoique l'eau, quelque part qu'on la mette, s'élève toujours dans le milieu où elle fait une courbure, il est impossible que les deux extrémités ne soient parfaitement à niveau. (La figure du chorobate se trouvera à la fin du livre).

« Si l'eau est bien élevée et qu'elle ait beaucoup de pente, elle sera plus aisée à conduire, et s'il arrive que le lieu par où elle doit passer, ait des creux et des fondrières, il faudra les emplir et les égaler avec de la maçonnerie. (Vitruve, liv. VIII, chap. VI, trad. de Perrault.) »

Voici la figure du chorobate, dessinée d'après le croquis de la traduction de Perrault.

GH, règle de 20 pieds.
BD, BD, bouts de règles joints à l'équerre.
AC, AC, lignes perpendiculaires et fils à plomb.
EF, petit canal de cinq pieds de longueur.

Voici une autre figure due à Newton.

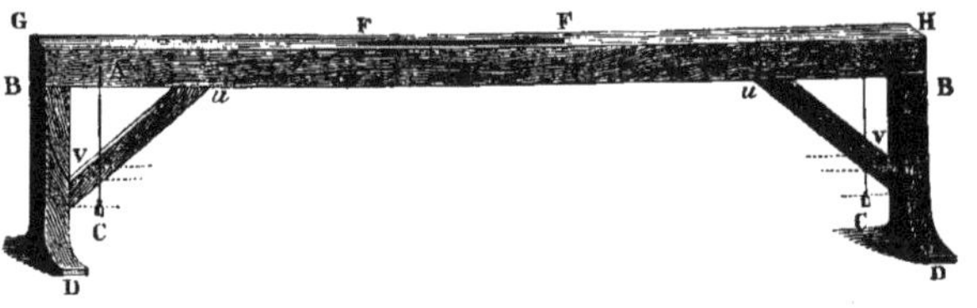

GH, règle de 20 pieds.
BD, BD, bouts de règles joints à l'équerre.
AC, AC, lignes perpendiculaires et fils à plomb.
EF, petit canal de cinq pieds de longueur.
uv, uv, pièces formant assemblage triangulaire et portant la trace des lignes perpendiculaires à GH, sur laquelle devaient coïncider les lignes des fils à plomb AC.

Sans tenir compte de la singulière observation de Vitruve sur la grande découverte d'Archimède et sur la sphéricité de l'eau, il est facile de voir que le chorobate n'est pas propre à faire un nivellement très-exact.

Perrault fait observer avec raison qu'il est impossible de se rendre compte, avec une approximation suffisante, de l'égalité de hauteur du plan d'eau, à chaque extrémité de petit canal EF. En admettant que les lignes AC des fils à plomb, aient été, dans l'origine, exactement perpendiculaires aux arêtes de la grande règle GH, arêtes qui, je le suppose, étaient les lignes de visée, les actions atmosphériques devaient promptement disjoindre les règles et déterminer la déviation des lignes des fils à plomb. La ligne de visée, au lieu d'être horizontale, pouvait donc avoir une certaine inclinaison qui faussait le nivellement.

Cette cause d'erreur aurait été peu importante pour le nivellement d'une route ou même d'un chemin de fer. Mais les contre-pentes étant inadmissibles dans un aqueduc, il fallait nécessairement tenir compte de l'imperfection de l'instrument, et les Romains avaient trouvé un moyen simple d'y remédier : ils adoptaient, pour leurs aqueducs, des pentes très-fortes qui rendaient négligeable la petite erreur que le niveleur (Librator) devait nécessairement commettre à chaque déplacement de l'instrument.

La plus faible pente adoptée par eux que je connaisse est celle de l'aqueduc de Sens, entre les sources de Saint-Philbert et de Noé, qui est, en moyenne, de $0^m,50$ par kilomètre. Cette pente était évidemment regardée par l'ingénieur comme un minimum, car, pour faire entrer la source de Saint-Philbert dans l'aqueduc, il en a relevé le niveau, au risque de la perdre.

En adoptant une pente plus faible, de $0^m,20$ par kilomètre, par exemple, ce relèvement n'aurait pas été nécessaire. Il est facile de reconnaître que le nivellement avait d'ailleurs été fait avec un instrument très-imparfait, car, sur une longueur de de 5 990 mètres, qui sépare les deux sources, la pente kilométrique varie, sans aucune nécessité, de $0^m,01$ à $2^m,47$.

Canalisation. — Le système de canalisation des Romains mérite une attention toute spéciale, parce qu'il s'est maintenu pendant toute la durée du moyen-âge et, dans les temps modernes, jusqu'à ces dernières années.

Il existe même encore de nos jours dans quelques villes, notamment à Rome, en France à Clermont-Ferrand, etc.

Les conduites des distributions des anciens étaient en plomb, *fistulæ*, ou en poterie, *tubuli;* par conséquent, leur diamètre était limité et en général assez petit.

Vitruve donne la préférence aux conduites en poterie.

« Les tuyaux de poterie ont cet avantage qu'il est fort aisé de les raccommoder quand ils en ont besoin, et que l'eau y est beaucoup meilleure que dans des tuyaux de plomb, dans lesquels il s'engendre de la céruse, que l'on estime être fort dangereuse et fort contraire à notre corps; et, en effet, il y a apparence que le plomb ne doit pas être réputé bon pour la santé, si ce qui s'engendre de ce métal est dangereux. Cela se prouve par l'exemple des plombiers, que l'on voit d'ordinaire être pâles, à cause de la vapeur qui s'élève du plomb quand on le fond, et qui, pénétrant dans le corps, brûle les parties et corrompt le sang; de sorte que l'on peut dire que pour avoir de bonne eau, il ne faut pas la faire venir dans des tuyaux de plomb; et même, elle est plus agréable à boire quand elle est conduite par de la poterie; aussi voit-on que ceux qui ont des buffets garnis de quantité de vases d'argent, trouvent l'eau meilleure quand ils la boivent dans de la terre[1]. »

Vitruve ne cite aucun cas d'empoisonnement par l'eau distribuée dans les conduites en plomb; et depuis qu'il a écrit son livre, personne n'a pu démontrer par des faits, le danger de l'emploi de ces conduites. Il ne paraît pas que les Romains aient tenu grand compte de l'opinion de leur célèbre architecte, car dans la distribution de Rome, les *fistulæ* étaient beaucoup plus employées

[1] Vitruve, livre VIII, chap. vii, traduct. de Perrault.

que les *tubuli*. Frontin ne parle jamais des *tubuli;* c'est toujours par le mot *fistula* qu'il désigne ce que nous appelons *conduite d'eau*.

Le mode de distribution, aujourd'hui admis à Londres et à Paris, n'était pas praticable dans la Rome antique : en effet, les conduites en fonte étant inconnues, l'eau ne pouvait être dirigée dans de grands réservoirs placés aux points culminants des villes et distribuée par une canalisation simple, commençant au réservoir par un petit nombre de conduites maîtresses de très-gros diamètre, et se subdivisant, à chaque carrefour, en ramifications secondaires portant l'eau dans toutes les rues.

Le volume d'eau à distribuer étant énorme, et les conduites de distribution étant petites, il fallait nécessairement multiplier le nombre des cuvettes de distribution et prolonger les aqueducs jusqu'à ces cuvettes.

De là l'origine des châteaux d'eau publics et privés. Les conduites des Romains devenaient suffisantes, malgré leur petit diamètre, parce que ces cuvettes de distribution étaient nombreuses, ce qui réduisait considérablement l'étendue des quartiers à desservir par chacune d'elles.

Mais ces conduites manquaient de solidité, et leur mode d'assemblage était défectueux. Elles ne pouvaient donc, dans la distribution, être soumises à de grandes pressions comme dans les distributions modernes, où l'on ne craint pas de leur faire supporter des pressions équivalentes à des colonnes d'eau de 50, 60, 80 et jusqu'à 100 mètres de hauteur.

Les conduites de poterie ne sont jamais solides, quand elles sont soumises à une pression un peu forte; le moindre coup de bélier les fait rompre. On n'a pas encore trouvé un mode d'assemblage, qui se prête aux variations de la température de l'eau.

Pour que des conduites de plomb soient solides, il faut non-seulement que leurs parois aient une épaisseur suffisante, mais il faut encore que leur section soit circulaire. Tout le monde sait que les tuyaux mous en toile, en cuir, en caoutchouc, etc., prennent la forme d'un cylindre à base circulaire dès qu'on les remplit d'eau. Il en est de même des tuyaux de plomb : quelle que soit la forme qu'on leur donne, dès qu'on les remplit d'eau soumise à une pression suffisante, ils s'arrondissent absolument comme les tuyaux de toile de nos jardins et les tuyaux de cuir des pompes à incendie.

Lorsqu'ils ne sont pas étirés d'une seule pièce, comme les tuyaux modernes, lorsqu'ils sont formés d'une lame de plomb roulée, il faut que les bords juxtaposés de la lame soient solidement soudés. Enfin, il est nécessaire, lorsqu'ils sont en place, qu'ils soient bien reliés bout à bout par un nœud de soudure.

Or, les tuyaux romains n'étaient pas de forme circulaire ; ils étaient piriformes, comme l'indiquent les diagrammes suivants, et ils étaient reliés entre eux par un mauvais joint.

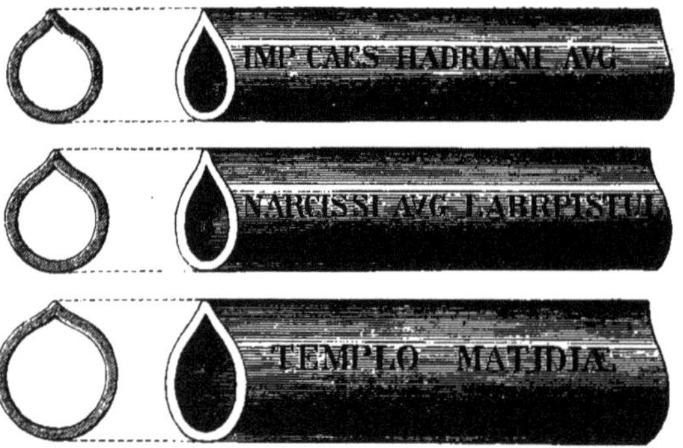

Le nom gravé sur chacun de ces tuyaux est celui de son propriétaire.

Je vais d'abord chercher pourquoi les Romains avaient adopté cette forme si peu naturelle. Il semble si simple, au premier abord, de faire les tuyaux circulaires, soit en les étirant, soit en roulant des lames de plomb sur un mandrin, qu'on ne comprend pas pourquoi on a adopté une autre forme.

Mode de confection et d'assemblage des tuyaux. — Les tuyaux romains (*fistulæ*) avaient 10 pieds de long ($2^{m},97$) ; ils étaient formés de plomb en table roulé en forme de poire ; ils prenaient leur dénomination de la largeur de la table de plomb [1], comme on le voit dans le tableau suivant :

	LONGUEUR DU TUYAU	ÉPAISSEUR PROBABLE	LONGUEUR DE LA LAME		POIDS	
			EN DOIGTS ROMAINS	EN MÈTRES	EN LIVRES ROMAINES DE 0k,3275	EN KILOGR.
	m.	mm.				
Centenaire..	2.97	7	100	1,856	1 200	393,00
Octogénaire.	Id.	Id.	80	1,485	960	314,60
Quinquagénaire.	Id.	Id.	50	0,928	600	196,50
Quadragénaire..	Id.	Id.	40	0,742	480	157,20
Tricénaire..	Id.	Id.	30	0,557	360	117,90
Vicénaire.	Id.	Id.	20	0,371	211	69,10
Quinzénaire.	Id.	Id.	15	0,278	180	58,95
Dénaire.	Id.	Id.	10	0,186	120	39,30
Octonaire.	Id.	Id.	8	0,148	96	31,44
Quinaire[2].	Id.	Id.	5	0,093	60	19 65

La jonction des deux lèvres de la lame était faite par divers procédés. Au musée de Lyon, on possède un fragment de tuyau du siphon qui passait sur le pont-aqueduc du mont Pila. Ce tuyau a

Fragment de tuyau du Musée de Lyon

(A Mastic servant de soudure. — B Sédiment déposé par l'eau.)

la forme indiquée au diagramme qui précède, calqué sur la figure qu'en donne Rondelet, et la petite rainure A est encore remplie d'un mastic qui formait le joint. Cet assemblage manque complé-

[1] *Namque quæ lamna fuerit digitorum quinquagenta, cum fistula perficietur ex ea lamna, vocabitur quinquagenaria, similiterque reliquæ.* (VITRUVE, liv. VIII, chap. VII.)

[2] Ne pas confondre avec le calice portant aussi le nom de *quinaire*, et qui, ayant $\frac{5}{4}$ de doigt de diamètre (0^m,0232), n'avait que 0^m,0729 de circonférence intérieure.

tement de solidité et ne saurait résister à la pression de l'eau ; aussi les neuf tuyaux, qui formaient le siphon du Mont-Pila, étaient-ils noyés dans un massif de maçonnerie, qui empêchait le joint de s'ouvrir sous l'action de l'eau. Suivant Rondelet, l'aqueduc du mont Pila remonte au temps de Claude.

A Pompéies, les nombreux tuyaux qu'on trouve, à peu près dans toutes les maisons, sont soudés longitudinalement.

Les Romains avaient la recette de la soudure ; on n'en peut douter en lisant ce passage de Pline : « On appelle *tertiaire* l'alliage formé de deux parties de plomb noir et d'une partie de plomb blanc... Il sert à consolider les tuyaux [1]. »

Le plomb blanc était notre étain, car Pline distingue ainsi les deux espèces de plomb : « Il y en a deux espèces, le noir et le blanc ; le blanc est le plus précieux ; les Grecs l'appellent *cassitéros*, et, si l'on en croit leurs fables, on le tire des îles de l'Atlantique [2]. »

Il n'y a rien de fabuleux dans le récit des Grecs, et le minerai d'étain le plus répandu porte encore le nom de *cassitérite*.

Mais le reste du récit de Pline semble prouver que les Romains confondaient l'étain avec le plomb argentifère.

« Il est certain qu'il (le plomb blanc, l'étain) se produit dans la Gallice et la Lusitanie... Le plomb noir (le vrai plomb) a deux origines : ou bien il provient de son propre minerai dont on ne tire pas autre chose, ou on le trouve allié à l'argent dans un minerai mixte. Lorsqu'on traite le minerai, le premier métal qui sort du fourneau est l'étain ; le second est l'argent. La galène qui reste après l'opération, traitée de nouveau, donne le plomb noir [3]. »

Est-il nécessaire de dire que le métal, qu'on obtient le premier par ce procédé, n'est pas de l'étain, mais du plomb légèrement

[1] ... *Tertiarum vocant, in quo duæ nigri portiones sunt, et tertia albi,... hoc fistulæ solidantur.* (PLINE, livre XXXIV, chap. XLVIII.)

[2] PLINE, livre XXXIV, chap. XLVII.

[3] *Plumbi nigri origo duplex est : aut in sua provenit vena, nec quidquam aliud ex se parit ; aut cum argento nascitur, mixtisque venis conflatur. Ejus qui primus fluit in fornacibus liquor, stannum appellatur : qui secundus, argentum : quod remansit in fornacibus, galena,... hæc rursus conflata dat nigrum plumbum...* (PLINE, liv. XXXIV, chap. XLVII.)

argentifère, qui, par sa couleur plus blanche et sa dureté, ressemble un peu à l'étain.

Les Romains confondaient donc l'étain avec le plomb argentifère et devaient souvent, sinon toujours, employer ce dernier métal dans la composition *de leur soudure, de leur alliage tertiaire,* qui alors était entièrement composé de plomb et d'une très-petite quantité d'argent. C'est ce que j'ai eu la satisfaction de constater à Paris; M. Vacquer découvrit, rue Gay-Lussac, dans des ruines romaines, qui remontaient au moins au deuxième siècle, un tuyau de plomb dont voici la figure.

Tuyau gallo-romain, trouvé à Paris, rue Gay-Lussac.

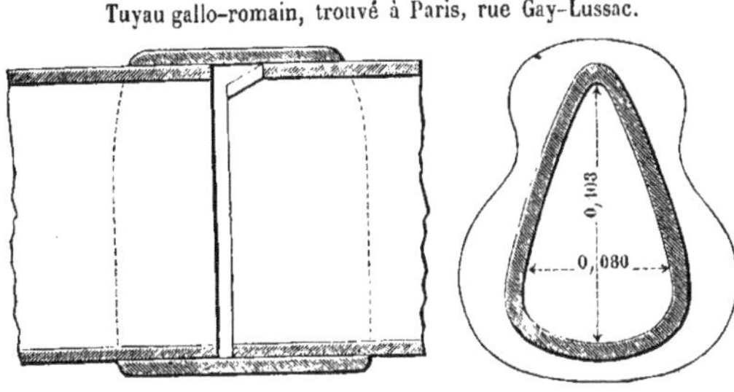

(Assemblage par manchon, sans soudure.)

Ce tuyau porte, au sommet, une soudure longitudinale et l'analyse du métal qui forme cette soudure, prouve qu'il ne renferme pas trace d'étain.

Cette découverte a été un trait de lumière pour moi, et m'a fait comprendre la forme défectueuse du tuyau romain et le mode non moins défectueux d'assemblage dont je vais parler.

Tout le monde sait que la soudure, formée de deux parties de plomb et d'une partie d'étain, entre en fusion à une température plus basse que le plomb, de sorte que, avec un fer médiocrement chaud, on l'étend sur les deux lèvres de plomb à réunir: elle y adhère fortement et les relie; c'est ce qu'on appelle un nœud de soudure, et lorsque ce nœud est bien fait, il est aussi solide que le reste du tuyau; mais sous ce nœud, la séparation des deux lames ou des bouts de tuyaux existe toujours, et il doit en être ainsi, puisque le plomb ne fond pas. Cette discontinuité est donc un des caractères du nœud soudure moderne.

Mais si la soudure ne contient pas d'étain, on ne peut la fondre sans fondre le tuyau lui-même, et la jonction des deux lèvres ne peut se faire par le même procédé. Dans le tuyau romain de la rue Gay-Lussac, il n'y a pas discontinuité sous la soudure; les deux lèvres de la lame sont réunies comme si le tuyau avait été coulé d'une seule pièce; les ouvriers ne voulaient pas croire qu'il eût été fait autrement.

J'ai cherché à souder un tuyau, formé d'une lame de plomb, avec du plomb pur, et j'ai réussi en lui donnant la section piriforme et en coulant le plomb très-chaud sur les deux bords extérieurs de la lame (fig. 3).

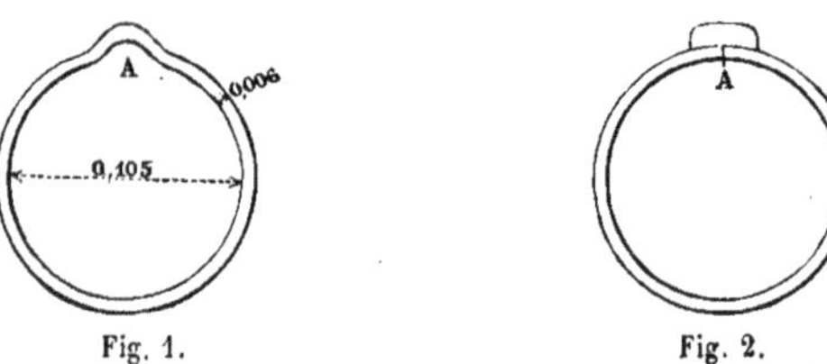

Fig. 1. Fig. 2.

L'adhérence a été complète, la solution de continuité a disparu. Le tuyau, soumis à une pression de 3 atmosphères, a commencé à s'arrondir; il a pris la forme circulaire à 8 atmosphères, et a supporté une pression de 18 atmosphères sans se déchirer à la commissure A des lèvres (fig. 1).

Je n'ai pas réussi, en donnant d'abord au tuyau la forme circulaire; l'adhérence du plomb coulé au-dessus de la commissure A, était très-imparfaite [1] (fig. 2).

Au contraire, en employant la vraie soudure, on fait tous les jours des tuyaux ronds, même de très-gros diamètre, avec du plomb en table. Soit donc que la soudure des Romains, l'alliage tertiaire, fût toujours composé de plomb, soit qu'il y eût sou-

[1] Ces intéressantes expériences ont été faites dans les ateliers de MM. Fortin-Herrmann frères plombiers de la ville de Paris.

vent fraude dans sa composition, on était conduit à adopter la section piriforme pour arriver avec certitude à faire la soudure longitudinale du tuyau.

Il était important de savoir si les mêmes faits avaient été observés en Italie. J'écrivis, le 17 octobre 1865, à M. de Luca, professeur de chimie à Naples, qui me répondit, le 23 janvier suivant, que tous les tuyaux trouvés à Pompéies portaient une soudure longitudinale; il ne me donna alors aucune indication, sur la nature même du métal qui formait le joint. En 1867, en se rendant à l'Exposition universelle de Paris, il me dit qu'il avait constaté que ce métal ne renfermait pas d'étain.

En 1869, je priai M. l'ingénieur Darcel, qui allait à Rome, de prendre des informations sur les débris de tuyaux, qu'on y trouve en grande abondance. Il m'a envoyé, le 30 mai, deux bouts de tuyaux romains, avec la note suivante : « Je me suis fait expliquer leur fabrication par un plombier; elle consistait à rouler sur un mandrin le plomb en lame, suivant la forme voulue; les deux lèvres étaient appliquées l'une contre l'autre; on faisait de chaque côté une rigole en terre *aa* et on coulait du plomb pour faire la jonction *h*. On voit souvent du plomb qui s'est échappé en C, entre les deux lèvres. »

Fig. 3.

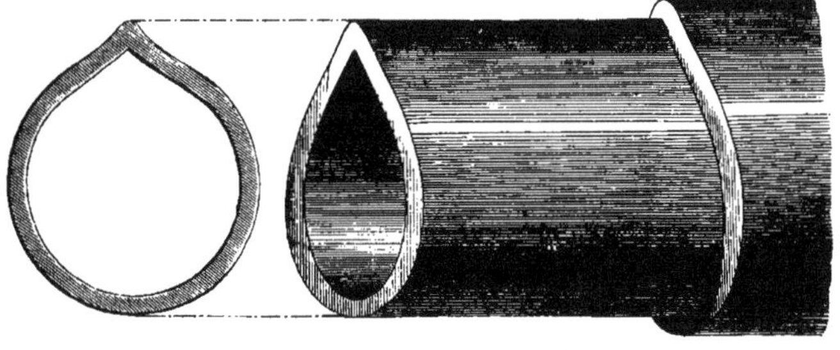

Débris de tuyaux romains assemblés à emboîtement.

« Pour faire les joints, on élargissait une des extrémités avec un mandrin ; on faisait pénétrer le bout de l'autre tuyau dans cet épanouissement, et l'on coulait du plomb entre les deux. »

Il y avait donc deux modes d'assemblage des tuyaux de plomb, par emboîtements, ou par manchons. Le joint des tuyaux en poterie se faisait par emboîtement, avec un mélange d'huile et de chaux vive[1].

Châteaux d'eau.— « Lorsque l'eau (d'un aqueduc) sera arrivée proche des murailles de la ville, il faut construire un regard (château d'eau) et, proche de ce regard, trois réservoirs qui seront disposés de telle manière que, lorsqu'il y aura beaucoup d'eau, le réservoir du milieu recevra celle qui sera de reste dans les deux autres, et, par des tuyaux, l'enverra à tous les lavoirs et fontaines jaillissantes. Mais l'eau de l'un des autres réservoirs ira aux bains, d'où la ville tirera du revenu tous les ans. L'eau du troisième réservoir sera envoyée aux maisons des particuliers, et ainsi le public aura ce qui lui est nécessaire par cette distribution, qui empêchera que l'eau, qui est destinée aux nécessités publiques, ne soit détournée, parce qu'elle viendra du regard (château d'eau) par des conduits particuliers. Et il y a encore une autre raison de cette distribution, qui est que les particuliers, aux maisons desquels on aura accordé de l'eau, payeront aux receveurs des impôts de quoi aider à entretenir les aqueducs publics. » (Vitruve, liv. VIII, chap. VII, trad. de Perrault.)

Le château d'eau, qui terminait un aqueduc, était donc un petit réservoir, dont l'eau était versée dans trois compartiments. Celui du milieu, qui recevait en même temps le trop plein des deux autres en temps de grandes eaux, alimentait les pièces

[1] *Ceterum a fonte duci fictilibus tubis, utilissimum est crassitudine binum digitorum, commissuris pyxidatis, ita ut superior intret, calce viva ex oleo lævigatis.* (PLINE, liv. XXXI, chap. XXXI.)

Je relève ici un contre-sens dans la traduction de M. Ajasson de Grandsagne, qui rend ces mots *crassitudine binum digitorum* par ceux-ci, *de deux doigts de diamètre ;* le vrai sens est *deux doigts* ($0^{m}037$) *d'épaisseur de paroi.* Le diamètre des tuyaux romains n'était pas limité à deux doigts.

d'eau et les fontaines publiques; les deux autres compartiments alimentaient les bains et les concessions privées.

Les châteaux d'eau de Julia et de Claudia étaient des monuments fort importants, dont les ruines subsistent encore. (Héliog. III et IX.)

Outre ces châteaux d'eau publics, il y avait des châteaux d'eau privés qui, du temps de Frontin, étaient au nombre de 247 [1].

Ainsi le château d'eau public recevait l'eau de l'aqueduc ou d'une ramification de l'aqueduc, et la répartissait entre les services publics et les châteaux d'eau privés.

Les habitants d'un quartier de la ville recevaient en commun l'eau qui leur était destinée, dans leur château d'eau privé, par une conduite partant d'un château d'eau public, et la répartissaient entre eux, par autant de calices de prise d'eau et de conduites qu'il y avait de domaines à desservir.

Ce mode de distribution résulte clairement du passage suivant d'un des sénatus-consultes organiques, rendus du temps d'Auguste :

« Sur quoi il a été arrêté : qu'aucun particulier ne pourrait tirer l'eau des canaux publics; que ceux qui auraient obtenu une portion d'eau seraient obligés de la tirer du château d'eau; que les curateurs des eaux seraient tenus d'indiquer aux particuliers les endroits, soit au dedans, soit au dehors de la ville, où ils pourraient placer convenablement leurs châteaux d'eau, desquels ils tireraient l'eau qui leur aurait été délivrée en commun, au château public, par les curateurs des eaux, etc. [2] »

C'est ainsi que sont distribuées les eaux de beaucoup de villes en Italie, à Rome notamment; il en était encore de même à Paris, au commencement du siècle, et les derniers châteaux d'eau ont disparu il y a peu d'années.

Aujourd'hui, à Paris, comme dans la plupart des autres villes, il existe dans chaque rue une conduite publique au moins, sur

[1] FRONTIN, chap. LXXVIII. Sous Justinien le nombre des châteaux d'eau était de 1352.
[2] FRONTIN, chap. CVI (traduction de Rondelet).

laquelle les particuliers piquent leurs branchements de prise d'eau, qui sont ainsi très-courts et peu dispendieux.

La prise d'eau antique coûtait, au contraire, fort cher à l'usager, qui devait payer sa part du château d'eau privé, et, de plus, toute la conduite, souvent très-longue, qui reliait ce château d'eau à son domaine.

Les concessions ne pouvaient donc être annuelles ou à courts termes, comme dans les distributions modernes; il fallait, pour que l'usager pût amortir ses dépenses d'installation, accorder des concessions à vie ou perpétuelles, c'est-à-dire *aliéner les eaux publiques*.

L'eau, coulant nuit et jour, était perdue presque en totalité. Avec un volume d'eau énorme, tel qu'on n'en a jamais distribué dans aucune ville, on ne pouvait accorder des concessions à tous ceux qui en voulaient.

Les aqueducs Anio Novus et Claudia furent construits parce que les sept aqueducs d'Agrippa paraissaient insuffisants [1].

Les Romains connaissaient le siphon, mais ils n'en faisaient usage que dans leur petite canalisation. — Les Romains connaissaient le siphon; mais lorsque le volume d'eau à conduire était considérable, l'état peu avancé de la métallurgie, dans ces temps anciens, ne permettait pas d'employer ce moyen économique de franchir les vallées; on ne faisait pas usage de tuyaux de fonte, et les tuyaux de plomb étaient fabriqués et posés d'une manière si défectueuse, qu'ils ne pouvaient résister à une grande pression.

Les joints des tuyaux manquaient de solidité, surtout dans les coudes, où le peu de rigidité du plomb et la poussée au vide produisaient de fréquents déboîtements. Les Romains le savaient bien, comme le prouve cet intéressant passage, où Vitruve

[1] *Cæsar qui Tiberio successit, cum parum et publicis usibus et privatis voluptatibus septem ductus aquarum sufficere viderentur;... duos ductus inchoavit.* (Frontin, chap. XIII.)

indique, beaucoup trop sommairement, comment on peut franchir une vallée avec une conduite en plomb.

Sin autem non longa erit circuitio, circumductionibus; sin autem valles erunt perpetuæ, in declinato loco cursus dirigentur; cum venerit ad imum, non alte substruitur, ut sit libramentum quam longissimum. Hoc autem erit venter (quod Græci appellant κοιλία) ; *deinde cum venerit ad adversum clivum, quia in longo spatio ventris leniter tumescit, tunc exprimatur in altitudine summi clivi; quod si non venter in vallibus factus fuerit.... sed geniculus erit, erumpet et dissolvet fistularum commissuras.* (Vitruve, l. VIII, chap. vii).

Ni les traducteurs ni les commentateurs n'ont bien compris ce texte de l'architecte romain.

Voici d'abord la traduction de Perrault.

« Mais si les vallées sont fort longues, on y conduira les tuyaux en descendant selon la pente du coteau, *sans les soutenir par de la maçonnerie; et alors il arrivera qu'ils iront fort loin dans le fond de la vallée selon son niveau*, qui est ce qu'on appelle ventre, dit Koilia par les Grecs. Par ce moyen, lorsque les tuyaux seront parvenus au coteau opposé, ils contraindront l'eau qu'ils resserrent, de remonter assez doucement à cause de la longueur de ce ventre; car s'ils n'avaient été conduits par ce long espace qui est à niveau le long de la vallée, ils feraient, en remontant tout court, un coude qui forcerait l'eau à faire un effort capable de rompre toutes les jointures des tuyaux. »

Perrault, au sujet de cette dernière phrase, écrit la note suivante :

« Cela n'est point vrai ; car l'eau, pour remonter tout court, n'en est point plus forcée, et plus la conduite est longue dans la vallée, et plus il y a de danger que les jointures ne se rompent, parce qu'il y a davantage de jointures. »

Perrault, suivant moi, n'a pas compris le sens de ces mots : *Non alte substruitur, ut sit libramentum quam longissimum. Hoc autem erit venter*, etc. A partir de ces mots : *Sans les soutenir par de la maçonnerie*, sa traduction me paraît inintelligible; il la complète par la figure suivante, dont la partie HEGFL représente la conduite forcée ou siphon qui traverse la vallée, et que Vitruve nomme *venter*.

Selon Perrault, les Romains faisaient donc des angles E, F, à la jonction du flanc du coteau et du fond de la vallée. La note qui termine sa traduction prouve qu'il ne voyait aucun inconvénient à l'existence de ces angles.

MM. A. Tardieu et A. Coussin fils, auteurs d'une traduction moderne de Vitruve, n'ont pas compris non plus le sens de ce passage de l'auteur romain, et ils ont reproduit presque textuellement la note de Perrault.

Un des plus célèbres commentateurs de Vitruve, Guillelmus Philander, explique ainsi l'action du coude (*geniculus*), dans la poussée au vide : « C'est-à-dire, si la conduite est tellement flexueuse et noueuse, que lorsqu'elle arrive au fond de la vallée, elle ne se développe pas par une pente continue, mais monte sur le revers opposé par un angle non normal, par un angle aigu[1]...»

La note de Perrault prouve qu'il ne comprenait pas mieux que le savant commentateur du seizième siècle, l'effet des coudes sur les conduites forcées. Il faut éviter les *geniculus*, ce que nous appelons *coude* en français, à moins qu'il ne soit possible de les butter solidement par des massifs de maçonnerie ; tous les

[1] *Si ita flexuosus et nodosus erit canalis ut cum in imum vallis descenderit, perpetuo libramento non procedat, sed in adversum clivum ad angulum non normalem, sed acutum dirigatur.*

ingénieurs le savent aujourd'hui. Prenons en effet, dans la figure de Perrault, la partie de conduite H E G, ayant en E un coude (*geniculus*).

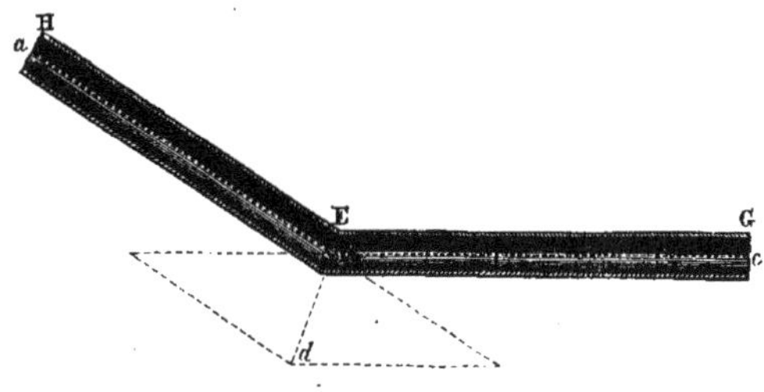

Ce coude est soumis à la pression de deux colonnes d'eau à peu près égales à la flèche du siphon, et agissant en sens contraire, suivant les lignes *ab, cb;* la résultante *bd* de ces deux forces tend à déboîter le coude E ; c'est ce qu'on appelle la poussée au vide. Les tuyaux romains, pour peu que leur diamètre et la flèche du siphon fussent grands, n'y pouvaient pas résister, parce que leur forme et le système de joints étaient défectueux. C'est pour cela que les ingénieurs romains remplaçaient l'angle E par une courbe à grand rayon (*venter*). Je traduis donc ainsi le texte de l'auteur latin et je donne la figure suivante, à l'appui de ma traduction.

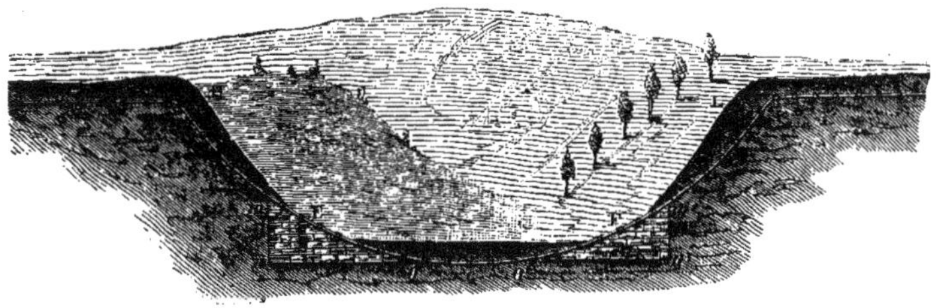

Dans cette figure, les basses substructions *mno, m'n'o'*, effacent les angles E et F de la figure de Perrault, et la courbe à grand rayon (*venter*) EGF, remplace la ligne brisée HEGFL de la même figure; cette interprétation des mots *non alte substruitur* étant admise, le reste du texte de Vitruve devient très-clair. La partie GFL de ma figure fait comprendre le *leniter tumescit* et le reste du texte latin, que les traductions de Perrault et de MM. Tardieu et Coussin fils rendent absolument inintelligible.

« Si l'obstacle ne forme pas un trop long circuit, il faut le contourner ; mais si la vallée est continue, on fera descendre la conduite sur la déclivité, et, lorsqu'elle arrivera au fond, on la supportera par de basses substructions, pour prolonger la pente en forme de ventre (*venter*, κοιλία des Grecs) ; ce ventre, en raison de sa grande longueur, se relevant en pente douce en arrivant au coteau opposé, forcera l'eau à s'élever au sommet de ce coteau. Si la conduite n'était pas disposée en courbe à grand rayon (*venter*), au fond de la vallée, si elle y formait un coude (*geniculus*), l'eau romprait et détruirait les joints des tuyaux. »

Cette discussion prouve que Vitruve connaissait mieux la pratique de l'hydraulique que ses savants traducteurs et commentateurs ; pour qu'il y ait déboîtement dans les coudes, il n'est nullement nécessaire que la conduite soit flexueuse et qu'elle se replie sur elle-même à angle aigu, comme le dit Philandre ; avec des angles parfaitement ouverts, des $\frac{1}{8}$ et même des $\frac{1}{16}$ de cercle, il y a, dans les coudes des siphons de l'aqueduc de la Dhuis, des poussées au vide de 20, 30 et même 40000 kilog., et aucune conduite de plomb, assemblée à emboîtement par les procédés des Romains, n'y aurait résisté.

Au contraire, nos petits tuyaux de plomb, étirés par les procédés modernes et solidement assemblés par des nœuds de soudure, peuvent être coudés de toutes les manières et se prêtent à toutes les exigences des distributions les plus compliquées. Nos tuyaux de fonte s'assemblent, dans les coudes, par des $\frac{1}{4}$, des $\frac{1}{8}$ et des $\frac{1}{16}$ de cercle, à très-court rayon. Quand la convexité s'appuie sur un sol solide, les déboîtements ne sont pas à craindre. Prenons pour exemple $\frac{1}{8}$ de cercle de 1 mètre de diamètre intérieur, raccordant, par des joints *à emboîtement et cordon*, les deux branches d'un siphon. Le déboîtement serait facile par la poussée au vide, si le coude n'était pas convenablement butté. Mais supposons que la convexité du coude s'appuie sur le sol et que la surface de contact soit de 2 mètres carrés, ou de 20000 centimètres carrés ; il est évident que ce coude résistera à une poussée au vide de 40 000 kilog., pour peu que le sol soit résistant, s'il peut supporter par exemple une pression de 2 kilog. par centimètre carré. Les gros tuyaux en plomb des Romains, en raison du peu de rigidité de ce métal, ne pouvaient résister à de telles pressions.

Ce que je viens de dire éclaire un point bien important de l'histoire des eaux de Rome. On croit généralement que les Romains ne faisaient pas usage des siphons ou conduites forcées[1]. Au contraire, toute leur petite canalisation était disposée ainsi, et formait autant de siphons qu'il y avait d'usagers ; cela saute aux yeux.

S'ils employaient rarement les siphons lorsqu'ils avaient beaucoup d'eau à conduire, ou des vallées profondes à franchir, s'ils préféraient les hautes et dispendieuses arcades, et prolongeaient les ramifications de leurs aqueducs jusqu'au milieu des villes, jusqu'aux châteaux d'eau, c'est que leurs gros tuyaux de plomb (le centenaire avait $0^{m},60$ de diamètre moyen) étaient mal faits et mal assemblés, et, sous la pression de l'eau, se seraient déchirés et déboîtés. Néanmoins, lorsque les vallées à franchir étaient trop profondes, ils savaient très-bien remplacer leurs arcades par des siphons, et c'est ce qu'ils ont fait au mont Pila, près de Lyon.

J'ai donné la forme des tuyaux employés à la construction de ce siphon[2], et j'ai dit comment l'ingénieur romain avait surmonté la difficulté d'exécution, tenant au défaut de solidité des conduites en plomb.

Le perfectionnement des instruments employés aux nivellements, a donc donné de nos jours, un premier avantage aux ingénieurs ; l'emploi des conduites en fonte, et la perfection avec laquelle les tuyaux de plomb sont étirés et assemblés, leur en a donné un autre bien plus considérable. En ce qui con-

[1] Les Romains, du moins jusqu'au Bas-Empire, ne paraissent pas avoir connu l'usage des siphons pour franchir le fond des vallées. (COMMAILLE.)

[2] Voir ci-dessus, page 69.

cerne la construction des aqueducs, ce dernier progrès est immense, puisqu'il permet de franchir non-seulement les vallées, mais des plaines basses entières, sans employer d'arcades. Ainsi l'aqueduc de la Dhuis comprend une longueur de siphons de 17 130 mètres, les tuyaux employés ont 1 mètre de diamètre; plusieurs ont de 50 à 71 mètres de flèche. La longueur des siphons de l'aqueduc de la Vanne est de 21 500 mètres, et leur flèche s'élève jusqu'à 46 mètres; chaque siphon se compose de deux conduites de $1^{m},10$ de diamètre. Combien auraient coûté des arcades substituées à ces conduites forcées?

Cette réserve faite, on peut dire que les ingénieurs reviennent peu à peu, de nos jours, au système romain, en ce qui concerne l'alimentation des grandes villes; ils vont chercher au loin des eaux à l'abri de tout soupçon, et les dérivent par l'action de la gravité, absolument comme leurs prédécesseurs du temps d'Auguste et de Claude. En France, la plupart des villes sont alimentées par des aqueducs. La capitale elle-même, qui se trouve dans les conditions les plus mauvaises qu'on puisse imaginer, est entrée dans cette voie. Hors de France, New-York, Boston, Lisbonne, Madrid, Édimbourg, Glascow, etc., ont adopté ce mode d'alimentation.

L'art de choisir les eaux et de les conduire, depuis la source jusqu'à la porte des villes, n'est donc autre chose que le procédé antique, mis au niveau de la science et de l'industrie modernes.

Mais, en ce qui concerne la distribution dans les villes, les traditions des anciens doivent être complétement abandonnées.

Des appareils de prise d'eau en usage à Rome. — Rondelet a déterminé la longueur du pied romain sur le pied gravé au Capitole; il l'a trouvée égale à $0^{m},297$.

Voici les subdivisions du pied qui, suivant lui, s'appliquaient aussi à toutes les mesures romaines[1] :

[1] RONDELET, *Notions préliminaires*, page 10.

			MÈTRES
As (unité).			
Semis.	$\frac{1}{2}$	de pied	0,1485
Triens.	$\frac{1}{3}$	—	0,0990
Quadrans.	$\frac{1}{4}$	—	0,0743
Sextans.	$\frac{1}{6}$	—	0,0495
Uncia.	$\frac{1}{12}$	—	0,0248
Digitus.	$\frac{1}{16}$	—	0,0186
Semuncia.	$\frac{1}{24}$	—	0,0124
Duella.	$\frac{1}{36}$	—	0,0083
Sicilicus.	$\frac{1}{48}$	—	0,0062
Sextula.	$\frac{1}{72}$	—	0,0041
Scripulum.	$\frac{1}{288}$	—	0,0010
Pas Romain.	5	pieds	1,485

On a vu ci-dessus que les eaux de chaque aqueduc, en arrivant à Rome, se répartissaient entre un certain nombre de cuvettes de distribution, qu'on nommait *châteaux d'eau publics*.

Des tubes de prise d'eau (*calix*) traversaient les murs de chaque château d'eau public, en nombre égal à celui des concessions, et se prolongeaient, par une conduite de plomb ou de poterie, jusqu'à l'établissement à desservir.

Si cet établissement était un château d'eau privé, autre genre de cuvette de distribution, où les concessionnaires recevaient en commun l'eau qui leur était destinée, d'autres tubes étaient fichés dans la paroi de cette cuvette, en nombre égal à celui des concessionnaires, et se prolongeaient, par une conduite de plomb ou de poterie, jusqu'à l'orifice de sortie de l'eau, chez l'usager.

Calices ou orifices de prise d'eau en usage à Rome. — Les calices ou modules étaient des tubes ronds en bronze d'un diamètre déterminé, et, comme on vient de le dire, ils traversaient la paroi des châteaux d'eau à un certain niveau au-dessous du plan d'eau.

Leur nombre, d'après Frontin, était de 25[1].

[1] FRONTIN, chap. XXXVII.

Rondelet a cherché à démontrer que ces orifices de prise d'eau étaient des appareils de jauge ; c'est une erreur, j'ai néanmoins donné, dans la dernière colonne du tableau suivant, le débit qu'il leur attribue.

CALICES OU ORIFICES DE PRISE D'EAU A ROME

NOMS DES MODULES	DIAMÈTRES		SECTION EN CENTIMÈTRES CARRÉS	PRODUITS PAR 24 HEURES EN MÈT. CUBES (D'ap. Rondelet)
	EN DOIGTS ROMAINS	EN MILLIMÈTRES		
Tuyau quinaire.	1,25	23,2	4,2275	60,000
— sextaire.	1,50	27,8	6,0698	82,080
— septénaire.	1,75	32,5	8,2957	117,660
— octonaire.	2,000	37,1	10,8103	153,860
— dénaire.	2,500	46,4	16,9093	240,000
— duodénaire.	3,000	53,7	22,6484	345,600
— quinzénaire.	3,750	69,5	37,9387	540,000
— vingténaire.	5,000	92,8	67,6373	960,000
Module de 25 doigts carrés.	5,640	105	86,120	1 222,500
— 30 —	6,180	115	103,344	1 467,000
— 35 —	6,674	124	120,568	1 711,440
— 40 —	7,134	132	137,792	1 955,940
— 45 —	7,542	140	153,016	2 200,440
— 50 —	7,982	148	172,240	2 424,960
— 55 —	8,366	155	189,464	2 689,500
— 60 —	8,740	162	206,688	2 934,480
— 65 —	9,096	169	223,912	3 178,500
— 70 —	9,440	175	241,136	3 422,940
— 75 —	9,770	181	258,360	3 667,440
— 80 —	10,090	187	275,584	3 911,940
— 85 —	10,400	193	292,808	4 156,480
— 90 —	10,702	199	310,032	4 400,940
— 95 —	10,998	204	327,256	4 646,400
— 100 —	11,282	209	344,480	4 889,940
— 120 —	12,358	233	413,776	5 867,940

Rondelet a calculé les débits indiqués dans la dernière colonne du tableau qui précède, en admettant les hypothèses suivantes :

1° Les centres des orifices étaient tous situés sur la même ligne horizontale, à 12 doigts (0,22277) au-dessous du niveau de l'eau ;

2° La longueur du calice était également de 12 doigts.

Cette base des calculs de Rondelet manque de solidité. La conduite, partant du château d'eau et aboutissant chez le concessionnaire, *était branchée sur l'extrémité du calice lui-même, sans solution de continuité.* Les personnes les plus étrangères à la science de l'hydraulique comprendront sans peine, qu'avec cette disposition il n'y avait pas de jaugeage. Si un concessionnaire maladroit avait placé l'orifice de sortie de sa conduite au niveau du château d'eau, il ne serait pas arrivé une goutte d'eau chez lui ; quel que fût le diamètre de son calice, toute l'eau, qui lui était destinée, serait restée dans le château d'eau.

Celui chez lequel l'eau arrivait à 1 mètre au-dessous du château d'eau, en recevait évidemment moins que celui qui, à la même distance et avec une conduite de même diamètre, se trouvait placé à 2, 3 et 4 mètres plus bas.

Par conséquent, le produit de chaque module pouvait varier, dans de larges limites, à partir de zéro. Les débits attribués à chaque module, dans le tableau qui précède, ne sont donc pas exacts.

Les Romains ne considéraient pas les calices comme des appareils de jauge. — La conduite de distribution étant adaptée à l'extrémité du calice et se prolongeant sans solution de continuité jusqu'au domaine du concessionnaire, le produit d'un module était déterminé, non pas seulement par son diamètre, mais encore par le diamètre de la conduite d'eau qui y faisait suite, par la longueur de cette conduite, et par la différence de niveau qui existait, entre le plan d'eau du château d'eau et le centre de l'orifice de sortie chez le concessionnaire. Le volume d'eau, que recevaient les concessionnaires avec le même calice, variait avec ces quatre éléments.

Les Romains le savaient très-bien, comme le prouve les passages suivants des *Commentaires* de Frontin :

« Dans certains châteaux d'eau, dit Frontin, on adaptait tout de suite, sur le calice, des tuyaux d'un plus grand diamètre, d'où il arrivait que le volume d'eau sortant du calice, n'étant pas contenu sur une longueur suffisante, remplissait facilement le tuyau plus large que le calice[1]. »

Les ingénieurs romains comprenaient donc très-bien, que l'augmentation de diamètre des conduites, à la suite du calice, augmentait le débit.

Ils savaient également, que la longueur de la conduite et la différence de niveau entre le plan d'eau au départ et l'orifice de sortie, exerçaient une grande influence sur ce débit.

« Nous nous souviendrons que toute eau, qui part d'un lieu plus élevé et arrive au château d'eau en parcourant un moindre espace, non-seulement donne un volume qui correspond à son module, mais même dépasse ce volume ; qu'au contraire, celle qui part d'un lieu moins élevé et parcourt un espace plus grand, devient paresseuse et arrive en quantité moindre. Il faut donc, suivant le cas, augmenter ou diminuer la concession[2]. »

Les Romains n'avaient pas trouvé la modification bien simple, appliquée dans les derniers châteaux d'eau des temps modernes, qui aurait converti leurs calices en orifices de jauge[3].

[1] FRONTIN, chap. CXII (traduction de Rondelet).

[2] *Meminerimus, omnem aquam, quoties ex altiore loco venit, et intra breve spatium in castellum cadit, non tantum respondere modulo suo, sed etiam insuperare. Quoties vero ex humiliore, id est minore pressura, longius ducatur, segnitia ductus modum quoque deperdere; ideo secundum hanc rationem, aut onerandam esse erogationem, aut relevandam.* (FRONTIN, chap. XXXV.)

[3] Pour que l'orifice de jauge d'un certain diamètre donne un volume d'eau déterminé, il faut non-seulement qu'il soit soumis à une charge d'eau constante et déterminée, mais encore qu'il débouche à l'air libre.

Les figures ci-dessus sont celles du château d'eau de la fontaine Gaillon, le dernier, je crois, qui ait été construit à Paris.

La cuvette de distribution est composée de trois parties *a*, *b*, *c*, séparées par des cloi-

Ils avaient donc cherché divers palliatifs, pour remédier aux abus qui résultaient du mode de prise d'eau.

Le curateur fixait l'emplacement où devait être construit le château d'eau privé, où un certain nombre d'usagers recevaient en commun l'eau qui leur était destinée [1].

Évidemment, cette mesure était prise pour que le curateur plaçât le château d'eau le plus convenablement (*apte*), afin de corriger les trop grandes inégalités d'altitude et de distance des points à desservir.

Les Romains croyaient régulariser le débit, en plaçant tous les calices sur la même ligne horizontale [2].

Cela aurait été vrai si la conduite n'avait pas été adaptée au calice. Cette disposition est néanmoins indispensable. Si les calices avaient été posés à des niveaux différents, les plus élevés auraient pu n'être plus couverts d'eau en temps de sécheresse, et par conséquent, n'auraient plus rien débité, tandis que les autres auraient fourni presque le même volume d'eau.

Pour diminuer l'influence du diamètre de la conduite, adaptée sur le calice et prolongée jusqu'au domaine de l'usager, on exigeait que cette conduite fût établie, à partir du calice et sur une longueur de 50 pieds (14^{m},85), avec le même diamètre que le calice [3].

sons. L'eau, portée par la conduite D, tombe d'abord dans le compartiment *a*, où se produisent toutes les grandes fluctuations dues à la chute, qui fausseraient la jauge. Douze orifices circulaires jettent l'eau dans le compartiment *b*, et les petites fluctuations produites par la chute sont détruites par une cloison, qui est percée d'un nombre suffisant de trous. L'eau, dans les deux parties du compartiment *b*, est maintenue par deux tuyaux de trop plein *e*, à un niveau constant de 7 lignes au-dessus des orifices de jauge, percés dans la cloison qui sépare *b* de *c*; chacun de ces orifices a le diamètre voulu pour débiter l'eau attribuée à la concession. Le compartiment *c* est divisé en autant de petits bassins qu'il y a d'orifices de jauge et de concessionnaires. La conduite particulière part du fond de chacun de ces bassins. Cet appareil de jaugeage est rigoureusement exact.

[1] *Animadverterentque curatores aquarum, quibus locis intra extraque urbem, apte castella privati facere possent, ex quibus aquam ducerent quam ex castello, communem accepissent.* (Texte du senatus-consulte (FRONTIN, chap. CVI).)

[2] « *Circa collocandos quoque calices observari oportet, ut ad lineam ordinentur ; nec alterius inferior calix, alterius superior ponatur, inferior plus trahit.* » (FRONTIN, chap. CXII.)

[3] *Sed neque statim ab hoc liberum subjiciendi qualemcumque plumbeam fistulam permitatur arbitrium : verum ejusdem luminis, quo calix signatus est, per pedes quinquaginta sicut senatus-consulto quod subjectum est, cavetur.* (FRONTIN, chap. CV.)

Au delà de 50 pieds, l'usager pouvait prolonger sa conduite avec tel diamètre qui lui convenait.

L'objet de cette Notice ne me permet pas d'entrer dans de grands développements techniques, pour faire comprendre l'importance de ces mesures.

Je me bornerai donc à donner une idée du degré de régularisation qu'on obtenait, en faisant connaître le produit du quinaire dans diverses hypothèses.

Supposons qu'il n'y ait eu aucune règle : un riche patricien aurait facilement obtenu, par son influence, que le château d'eau fût placé à côté de son domaine, à 20 mètres par exemple, et à la plus grande hauteur possible, soit à 7 mètres au-dessus de l'orifice de sortie ; évidemment, il aurait adapté, à l'extrémité du calice d'un quinaire ($0^m,0232$), une conduite d'un diamètre beaucoup plus grand, soit un quinzenaire ($0^m,0695$), et, grâce à ces dispositions, il aurait reçu chez lui un volume d'eau de plus de 1 000 mètres cubes par 24 heures, environ 17 fois le débit attribué au quinaire par Rondelet.

Prenons un autre concessionnaire moins riche, moins influent, se trouvant placé, par la mauvaise chance du hasard, à une assez grande distance du château d'eau, à 200 mètres par exemple, et seulement à 2 mètres au-dessous : obligé, par économie, de maintenir le diamètre du quinaire sur toute la longueur de la conduite, il n'aurait reçu, par 24 heures, que 3 mètres cubes d'eau.

Cette inégalité de 1 000 à 3 mètres cubes, pour deux concessions supposées égales, aurait certainement été intolérable. Supposons, au contraire, la règle appliquée par un curateur honnête et intelligent : le château d'eau privé aurait été placé à la plus grande distance possible des points bas et, dans le voisinage des points hauts difficiles à desservir. Admettons que, pour la différence de niveau la plus grande (7 mètres, je suppose), la distance moyenne ait été de 200 mètres, et, pour les points les plus élevés (2 mètres par hypothèse au-dessous du château d'eau), de 50 mètres seulement ; on aurait tenu rigoureusement à ce que, sur 50 pieds (14^{m},85), le diamètre de la conduite fût égal à celui du calice.

Le riche concessionnaire, qui, à partir de là, aurait donné au prolongement de sa conduite le diamètre du quinzenaire, ou 0^{m},6095, aurait reçu, dans le premier cas, 95 mètres cubes par 24 heures, et, dans le second, 29 mètres cubes.

Le petit usager, obligé, par économie, de maintenir le diamètre du quinaire (0^{m},0232) sur toute la longueur de la conduite, n'aurait reçu, dans le premier cas, que 27 mètres cubes par 24 heures, et, dans le second, 29 mètres cubes.

Ces calculs ne sont basés que sur des hypothèses, qui n'ont pas la prétention d'être justifiées. Les inégalités, qu'ils font ressortir, sont énormes sans doute et très-choquantes, si on les considère avec nos principes de justice ; néanmoins, on voit que le plus pauvre usager recevait encore environ 30 mètres cubes d'eau par 24 heures au minimum, quantité très-grande, et comme nos idées d'égalité n'avaient guère cours alors, chacun se tenait pour satisfait [1].

Gaspillage de l'eau. — C'était donc par l'exagération de la distribution, par le gaspillage, moyen héroïque, que les Romains corrigeaient l'imperfection de leurs prises d'eau. On donnait à l'usager beaucoup plus d'eau qu'il ne lui en fallait, même quand son domaine était mal placé.

Frontin nous apprend, en effet, que le quinaire fut formé du temps d'Auguste, de la réunion en un seul, de cinq calices jugés trop petits [2].

Il paraît bien que toutes les concessions étaient alors d'un quinaire, car un des sénatus-consultes organiques dit, que toutes

[1] Ces calculs ont été faits approximativement par la formule de Prony.

[2] *Dicunt, quod quinque antiqui moduli exiles et velut puncta, quibus olim aqua cum exigua esset, dividebatur, in unam fistulam coacti sunt.* (FRONTIN, chap. XXV.)

les conduites de distribution doivent avoir le diamètre du quinaire sur 50 pieds, à partir du château d'eau [1].

Il y avait, du temps de Frontin, des concessions plus grandes encore, qui furent délivrées, ou par plusieurs modules d'un quinaire, ou par un des modules équivalents indiqués ci-dessus; l'eau était reçue dans un seul tuyau, afin de ne pas labourer la voie publique par un trop grand nombre de tranchées [2].

Une ordonnance rendue, en l'an 382, par les empereurs Gratien, Valentinien et Théodose, fixe à 2 ou 3 onces les concessions des grandes maisons, à 1 1/2 once celles des maisons ordinaires, à une demi-once celles des petites [3].

L'once étant de 1^{quin},12 [4], les plus petites maisons, à la fin du Bas-Empire, recevaient donc encore plus d'un demi-quinaire, c'est-à-dire un volume d'eau qui, d'après les calculs précédents, devait être au minimum de 12 à 15 mètres cubes par 24 heures.

Le volume moyen, distribué aux abonnés de Paris, est à peine de 3 mètres cubes par maison, et les maisons sont certainement plus grandes que n'étaient celles de Rome. Aucune distribution moderne, si ce n'est encore celle de Rome, ne pourrait donner l'eau avec la libéralité de la ville antique.

J'ajouterai que cela est peu regrettable : dans la concession romaine l'eau, comme je l'ai déjà dit, coulait en pure perte la plupart du temps; l'aliénation, perpétuelle ou à long terme, des

[1] *Ne cui eorum quibus aqua daretur publica jus esset, intra quinquaginta pedes ejus castelli ex quo aquam ducerent, laxiorem fistulam subjicere quam quinariam.* (*Senatus-consulte*, Frontin, chap. cvi.)

[2] *Eodem lumine plures quinariæ includuntur... Est autem fere nunc in usum, cum plures quinariæ impetratæ, ne in viis sæpius convulneretur, una fistula, excipiuntur in castellum...* (Frontin, chap. xxvii.)

[3] *Summas quidem domus si lavacris lautioribus præsententur, binas non amplius, aquæ uncias, aut, si hoc amplius exigerit ratio dignitatis, supra ternas neutique possidere; mediocres vero et inferioris meriti domus singulis et semis contentas esse decernimus. Si tamen hujuscemodi balneas easdem habere claruerit; cæteros vero qui mansionum spatio angustiore sustentantur, ad mediæ unciæ usum tantum gaudere præcipimus* (Rondelet, pages 134 et 136.)

[4] *Unciæ ergo modulus..., capit quinariam et plusquam quinariæ octavam* (Frontin, chap. xxxviii.)

eaux publiques était la conséquence forcée du système; or toute administration intelligente doit rester maîtresse de sa distribution d'eau.

Le mode de prise d'eau donnait lieu d'ailleurs à une multitude de fraudes énumérées par Frontin.

La plus ordinaire consistait à poser des calices et surtout, à la suite du calice, des conduites d'un diamètre plus grand que celui accordé par le titre de concession [1].

Lorsqu'une concession passait dans d'autres mains, on perçait un nouveau trou dans le château d'eau; mais on ne fermait pas l'ancien, et les fontainiers vendaient à leur profit l'eau détournée [2].

Les conduites de distribution étaient criblées de trous appelés *points*, qui étaient forés par un des fontainiers, désignés sous le nom de *a punctis*. L'eau qui s'écoulait par un trou était vendue frauduleusement aux riverains.

C'était surtout sur les conduites des fontaines publiques et des pièces d'eau que cette industrie s'exerçait : elles étaient criblées de points, et il arrivait peu d'eau à destination [3]; les concessionnaires n'auraient sans doute pas toléré de semblables abus.

Frontin, par sa vigilance, sut les réprimer pour la plupart. Il recommande à ses collaborateurs de marquer (*signare*) soigneusement les calices et les 50 premiers pieds des conduites [4]; mais il est bien clair qu'après lui comme avant, les abus ont dû se développer, sur une échelle d'autant plus grande qu'ils étaient inhérents au mode même de distribution. Tout cela prouve qu'il

[1] *Ampliores quosdam calices, quam impetrati erant, positos in plerisque castellis inveni....*
In quibusdam, cum calices legitimæ mensuræ signati essent, statim amplioris moduli fistulæ subjectæ fuerunt. (Frontin, chap. cxiii.)

[2] *..... Translata in novum possessorem aqua, foramen novum castello imponunt, vetus relinquunt quo venalem extrahunt aquam.* (Frontin, chap. cxiv.)

[3] *Has (fistulas) comperi per eum qui appellabatur a punctis, passim convulneratas,..... quo efficiebatur ut exiguus modus ad usus publicos perveniret.*

[4] *Ideoque illud adhuc, quoties signatur calix diligentiæ adjiciendum est ut fistulæ quoque per spatium quod senatus consulto comprehensum diximus, signentur.* (Frontin, chap. cxii.)

devait y avoir de grandes lacunes dans l'organisation de l'administration des eaux de Rome.

Il ne faut pas croire cependant qu'il soit facile de réprimer les abus dans une distribution d'eau. La surveillance de tous ces appareils multipliés, qui échappent à l'attention publique parce qu'ils sont établis sous le sol, est, au contraire, extrêmement pénible et exige la plus minutieuse attention.

CHAPITRE V

QUANTITÉ D'EAU DISTRIBUÉE DANS ROME

J'ai cherché, dans ce chapitre, à rectifier des erreurs numériques qui, aujourd'hui encore, sont admises par tous ceux qui se sont occupés des aqueducs. Je n'ai pas la prétention de remplacer les nombres évidemment erronés, par des chiffres rigoureusement exacts ; je n'ai pas pour cela les données nécessaires. J'ai indiqué la méthode par laquelle on arriverait à la vérité, si ces données étaient connues.

Frontin a donné le nombre de quinaires porté par les neuf aqueducs qui existaient de son temps, d'après la distribution, d'après les registres de l'État, et d'après des mesures prises par lui.

Ces quantités sont exprimées dans le tableau suivant en quinaires, d'après les indications de Frontin, et en mètres cubes, d'après l'hypothèse de Rondelet, c'est-à-dire en comptant le quinaire pour 60 mètres cubes en 24 heures. Cette dernière indication, quoique complétement fausse, était nécessaire pour combattre une erreur très-accréditée encore aujourd'hui.

NOMS DES AQUEDUCS	VOLUMES D'EAU DÉBITÉS					
	D'APRÈS LA DISTRIBUTION		D'APRÈS LES REGISTRES DE L'ÉTAT		D'APRÈS LES JAUGEAGES DE FRONTIN	
	QUINAIRES	MÈT. CUBES PAR 24 HEURES	QUINAIRES	MÈT. CUBES PAR 24 HEURES	QUINAIRES	MÈT. CUBES PAR 24 HEURES
Appia	704	42 240	841	50 460	1 825[1]	109 500
Anio Vetus	1 610	96 600	1 441	86 460	4 398	263 880
Marcia	1 935	116 100	2 162	129 720	4 690	281 400
Tepula[2]	445	26 700	400	24 000	445	26 700
Julia	803	48 180	649	38 940	1 206	72 360
Virgo	2 504	150 240	752	45 120	2 504	150 240
Absietina	392	23 520	392	23 520	392	23 520
Claudia	5 625	337 500	2 855	171 300	4 607	276 420
Anio Novus			3 263	195 780	4 738	284 280
	14 018[3]	841 080	12 755	763 300	24 805	1 488 300[4]

Si les calculs de Rondelet étaient exacts, les aqueducs romains, d'après le compte de quinaires donnés par Frontin, auraient débité ensemble, en 24 heures, un volume d'eau de **1 488 300** mètres cubes. C'est encore une erreur très-généralement répandue et on admet, d'après les calculs de Rondelet, que les aqueducs romains débitaient, en 24 heures, **1 500 000** mètres cubes. J'ai déjà fait voir que ces calculs étaient basés sur des hypothèses absolument fausses.

Le texte de Frontin ne laisse aucun doute sur ce point. Voici,

[1] Il y a une faute d'impression dans Rondelet, qui porte 1285, tandis que Frontin donne 1825.

[2] Il faut retrancher Tepula tout entière ; elle empruntait ses eaux à Julia, Marcia et Anio Novus. (FRONTIN, chap. LXVIII.)

[3] Rondelet porte 14 029 quinaires, tandis que Frontin annonce 14 018 ; l'erreur commise par Rondelet tient à ce qu'il a porté la somme du produit de la Claudia et de l'Anio neuf à 563 quinaires, tandis que, d'après Frontin, elle est de 5625.

[4] D'après la deuxième table de Rondelet, le volume exprimé en mètres cubes s'élèverait à 3 720 750 mètres cubes, faute inexplicable.

« Il résulte de cette table, dit Rondelet, que la quantité d'eau fournie par les neuf aqueducs de Rome pouvait équivaloir à une rivière de 30 pieds ($9^{m},95$) de largeur sur 6 de profondeur, dont les eaux couleraient avec une vitesse de 30 pouces ($0^{m},812$) par seconde, c'est-à-dire avec une vitesse égale à celle des eaux de la Seine, dans les temps de leur hauteur moyenne.

Le débit de cette rivière serait de 1 333 000 mètres cubes par vingt-quatre heures.

par exemple, comment il a déterminé le nombre de quinaires porté par l'aqueduc Appia.

« Cependant, m'étant transporté aux Gémelles....., j'ai trouvé que la veine d'eau, qui coulait dans l'aqueduc, avait 1 3/4 pied (0^m,51968) de largeur sur 5 pieds (1^m,4848) de hauteur, ce qui donne une superficie de 8 pieds 3/5 (0^{mq},77162), ou de 2240 doigts carrés, qui font 1825 quinaires[1]. »

En effet, en divisant la section fluide 0^{mq},77162 par 0^{mq},000423, section de l'orifice du quinaire, on trouve pour quotient 1825, nombre de quinaires admis par Frontin. Dans ce calcul, l'ingénieur romain ne tient aucun compte de la vitesse d'écoulement de l'eau.

N'est-il pas évident qu'on doit conclure de là, que le quinaire n'était pas un orifice de jauge? Si Frontin s'était proposé de déterminer le volume d'eau porté par l'aqueduc Appia, il aurait fort mal opéré, puisque ce volume varie non-seulement avec la section mouillée de l'aqueduc, mais encore avec la vitesse d'écoulement de l'eau. Que peut-on conclure de l'opération de Frontin? C'est que le quinaire était un simple orifice de prise d'eau, d'une section déterminée, et que, dans les châteaux d'eau, la vitesse d'écoulement de chaque orifice se réglait d'elle-même, suivant l'abondance des eaux.

Frontin savait très-bien que la vitesse d'écoulement avait une grande importance, car il dit[2], qu'il n'a pas opéré pour Virgo en tête de l'aqueduc, parce que l'eau y coulait très-lentement; il a choisi, pour faire cette opération, une localité voisine de la ville, au septième milliaire, où elle avait un cours plus rapide.

Frontin nous aurait donné un des éléments les plus importants du jaugeage des aqueducs, *leur section mouillée,* s'il avait opéré dans une saison sèche. Il dit que ses mesures ont été prises en juillet et dans le reste de la saison chaude; mais il ne dit pas si l'année dans laquelle il a opéré était sèche ou humide, ce qui

[1] FRONTIN, chap. LXV.
[2] FRONTIN, chap. LXX.

est très-important; car il y a une immense différence entre les basses eaux d'une année et celles d'une autre année. Rien n'établit donc que Frontin nous ait donné la section mouillée correspondant aux plus basses eaux. Il est probable, au contraire, qu'il a opéré dans une année humide.

En effet, il résulte des renseignements donnés par M. le colonel Blumensthil à M. l'ingénieur en chef Darcel, que les parois de l'aqueduc Marcia, découvert par lui vers la source, portent une épaisse croûte d'incrustations calcaires de $0^m,50$ de hauteur, à partir du radier, et une croûte plus mince d'un mètre de hauteur. La première correspondait évidemment à une section mouillée voisine des basses eaux; le sommet de l'autre, au contraire, devait se rapprocher du niveau des plus hautes eaux. L'aqueduc ayant $1^m,70$ de largeur, sa section mouillée, correspondant aux basses eaux, était égale à $1^m,70 \times 0^m,50 = 0^{mq},85$, celle des hautes eaux à $1^m,70 \times 1^m,00 = 1^{mq},70$. Or Frontin porte la section mouillée de l'aqueduc à 4690 quinaires, nombre qui, multiplié par $0^{mq},00042275$, section du quinaire, *donne pour la section mouillée de l'aqueduc exprimée en mètres*, $1^{mq},98$, nombre qui correspond à un niveau plus élevé que celui des plus hautes incrustations de l'aqueduc. *Cette section mouillée est donc beaucoup plus grande que celle des basses eaux.* La section mouillée des basses eaux est bien celle indiquée ci-dessus, *c'est-à-dire* $0^m,85$. En effet, d'après ce que m'écrit le colonel Blumensthil, au sujet du débit de Marcia et de Claudia, ces deux aqueducs prenaient au plus 10000 onces d'eau. Le produit de l'once étant de $20^{mc},217$ par 24 heures, le débit total des deux aqueducs était de $20,217 \times 10000 = 202170^{mc}$.

Marcia débitait donc environ 101000 mètres cubes. On arrive sensiblement au même résultat par la formule empirique de Prony, en y introduisant les nombres suivants :

Section mouillée donnée ci-dessus, $\omega = 0^m,85$; périmètre mouillé correspondant, $\chi = 2^{mq},70$; et pente par mètre donnée par Rondelet, $I = 0^m,0025$.

On trouve ainsi, pour la vitesse moyenne, $v = 1^m,45$, d'où : débit par seconde, $v\omega = 1^{mc},23$, et débit par 24 heures, $1^m,23 \times 86\,400 = 106\,488$ mètres cubes. Il résulte de là que Frontin n'a pas opéré en temps de basses eaux.

Je ferai comprendre combien les erreurs de ce genre se commettent facilement, en citant les nombres suivants. Armentière, la plus grande des sources que la ville de Paris possède dans la vallée de la Vanne, débitait, en juillet 1873, 477 litres, et, en octobre, 369 litres par seconde; en 1874, aux mêmes dates, elle ne donnait plus que 295 et 243 litres. L'ingénieur qui, jaugeant Armentière en juillet 1873, aurait cru avoir un débit voisin de celui des basses eaux, se serait donc grossièrement trompé. Frontin a dû commettre des erreurs de ce genre.

Il est une autre eau de Rome dont nous avons le débit, c'est Virgo. D'après M. le colonel Blumensthil, le débit de l'aqueduc est, en 24 heures, de 60 651 mètres cubes.

Claudia, d'après M. Blumensthil, débitait, comme Marcia, environ 101 000 mètres cubes.

En admettant, pour les autres aqueducs, la section mouillée donnée par Frontin, *quoique trop grande*, la pente trouvée par Rondelet, et les largeurs des cunettes données par M. Fabio Gori, j'ai dressé le tableau suivant, au moyen duquel j'ai calculé les débits approximatifs des aqueducs.

Dans ce tableau ne figure pas Tepula, qui empruntait son eau à Marcia, Julia et Anio Novus[1].

Alsietina est portée pour 24 000 mètres cubes. Je n'ai trouvé dans les auteurs aucun moyen de contrôler la portée de cet aqueduc; j'ai donc admis le calcul de Rondelet, qui est basé sur l'hypothèse que le quinaire débitait 60 mètres cubes par 24 heures. On arrive ainsi à une portée de 24 000 mètres. L'erreur qui résulte de cette hypothèse ne peut modifier beaucoup le produit total des aqueducs.

[1] FRONTIN, chap. LXVIII.

NOMS DES AQUEDUCS	SECTION MOUILLÉE ω	PÉRIMÈTRE MOUILLÉ χ	PENTE PAR MÈTRE I	VITESSE MOYENNE v	DÉBIT PAR SECONDE	DÉBIT PAR 24 HEURES	OBSERVATIONS
	m. carrés.	mètres.	mètres.	mètres.	litres.	m. cubes.	
Anio vetus (en tête de l'aqueduc)......	1,86	4,48	0,0023	1,67	3 110	268 900	Pente : 1 ligne 1/2 par pas (Rondelet).
Appia, aux Gemelles..	0,772	3,48	0,00154	0,98	755	65 000	Pente : 1 ligne par pas (Rondelet.)
Marcia........	»	»	»	»	»	101 000	D'après Blumensthil.
Tepula........	»	»	»	»	»	0	
Julia, 6e milliaire...	0,510	2,16	0,00154	1,13	576	50 000	Pente : 1 ligne par pas.
Virgo........	»	»	»	»	»	61 000	Débit actuel.
Alsietina.......	»	»	»	»	»	24 000	Débit de Rondelet, faute de mieux.
Claudia........	»	»	»	»	»	101 000	D'après M. Blumensthil.
Anio novus (en tête de l'aqueduc)......	2,004	5,00	0,0023	1,65	3 300	283 000	Pente : 1 ligne 1/2 par pas.
			Total...........			953 000	

On peut facilement, d'après cela, se rendre compte du produit moyen du quinaire aux châteaux d'eau des divers aqueducs.

NOMS DES AQUEDUCS	NOMBRE DE QUINAIRES (D'après Frontin)	PRODUIT EN 24 HEURES TOTAL DE L'AQUEDUC	PRODUIT EN 24 HEURES DU QUINAIRE
		mètres cubes.	mètres cubes.
Anio vetus...........	4 398	268 000	61
Appia.............	1 825	65 000	36
Marcia.............	4 690	101 000	22
Julia.............	1 206	50 000	41
Virgo.............	2 504	61 000	24
Alsietina............	392	24 000	60
Claudia............	4 607	101 000	22
Anio novus...........	4 738	283 800	60

Le débit total des aqueducs romains n'était donc pas de 1 500 000 mètres cubes, par 24 heures, comme on l'admet généralement d'après les calculs de Rondelet. Le volume de 953 000 mètres cubes donné ci-dessus paraît même très-exagéré.

J'ai admis, en effet, dans les calculs qui précèdent, pour Anio Vetus, Appia, Julia et Anio Novus, les sections mouillées données par Frontin ; il est probable qu'elles sont trop grandes, comme celles de Marcia et de Claudia. Néanmoins je dois faire remarquer qu'Anio Vetus et Anio Novus, puisant dans une rivière, ne subissaient pas l'action des sécheresses comme les autres aqueducs alimentés par des sources.

Si nous examinons le second tableau, qui donne le produit du quinaire pour chaque aqueduc, on voit que ce produit varie de 22 à 61 mètres cubes par 24 heures.

Les ingénieurs romains n'ont donc jamais eu la prétention de donner aux concessionnaires, au moyen de leurs calices, un volume d'eau déterminé à l'avance. Ils comptaient sur une sorte de débit moyen pour les orifices de même diamètre d'un château d'eau. Il est à remarquer, d'ailleurs, que si les calices étaient trop nombreux pour le débit de l'aqueduc, les grandes concessions étaient les premières atteintes.

Rondelet suppose que les centres des calices étaient à 12 doigts au-dessous du plan d'eau. C'est une simple hypothèse. D'après Frontin[1], les calices en bronze doivent avoir au moins 12 doigts de longueur et être placés sur la même ligne horizontale; mais, dans les recommandations si minutieuses qu'il fait à ses collaborateurs[2], il ne dit pas un mot de la hauteur du plan d'eau au-dessus de la ligne des centres. Cette hauteur était nécessairement variable, et plus grande en temps de hautes eaux qu'en temps de sécheresse extraordinaire. L'orifice de trop plein du château d'eau n'était certainement pas placé au niveau correspondant à ces sécheresses. Ces petites variations de niveau n'avaient pas une action bien sensible sur les débits tant que les calices ne se découvraient pas, parce que les vitesses d'écoulement sont proportionnelles à la racine carrée des charges; par exemple, le volume d'eau reçu par l'usager dont l'orifice de sortie était à 2 mètres au-dessous du plan d'eau moyen du château d'eau, variait de 5 p. 100 à peine, lorsque ce plan d'eau s'élevait ou s'abaissait de 10 centimètres. Il en

[1] FRONTIN, chap. XXXVI.
[2] FRONTIN, chap. CXII et CXIII.

était de même lorsque les bords des calices commençaient à se montrer : un petit abaissement ne diminuait pas considérablement le débit de la prise d'eau. La figure suivante fait voir combien il était nécessaire que les centres ou mieux encore les points bas des calices d'un château d'eau, fussent tous placés sur la

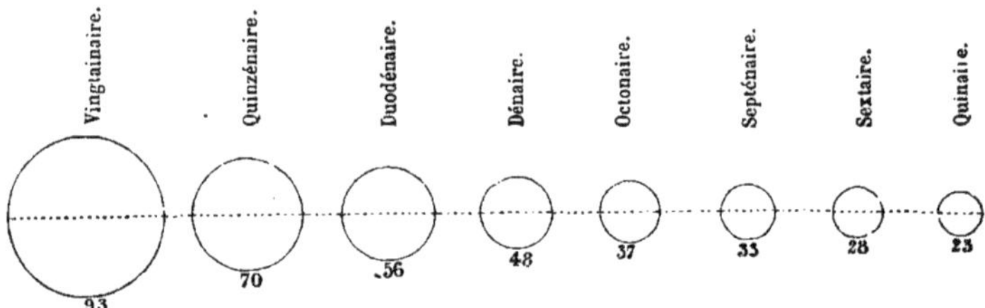

même ligne horizontale. Avec cette disposition, les premiers calices qui paraissaient au-dessus de l'eau, en temps de sécheresse extraordinaire, étaient ceux d'un grand diamètre. Ainsi le septénaire, qui avait $0^{m},0163$ de rayon, était découvert de près de $\frac{1}{3}$ de ce rayon lorsque le quinaire, dont le rayon était de $0^{m},0116$, était encore complétement immergé.

Les débits des orifices d'un même château d'eau se réglaient donc d'eux-mêmes, suivant l'état d'abondance ou de pénurie de l'eau; dans ce dernier cas, les grands usagers étaient les premiers à souffrir; les diminutions relatives des débits des divers modules n'étaient sans doute pas très-importantes, mais, enfin, la quantité d'eau reçue par les petits concessionnaires était un peu moins variable; ils étaient mieux protégés.

Le débit de la concession d'eau romaine se faisait en quelque sorte par estimation, à peu près comme nos abonnements à robinets libres. En plaçant convenablement (*apte*) le château privé, le curateur des eaux savait que chaque usager recevrait un volume d'eau suffisant en toute saison. Mais ce volume n'était une constante ni pour les calices de même diamètre, ni pour chaque calice d'un château d'eau. Le service se réglait de lui-même, comme je viens de le dire : en temps de crue des sources, l'eau s'élevait à l'orifice de trop plein et se déversait dans le compartiment du château réservé aux fontaines publiques et aux pièces d'eau [1]. En temps de sécheresse, le niveau s'abaissait et le débit de chaque calice diminuait au fur et à mesure que la portée des sources diminuait elle-même.

Il est singulier que Rondelet ait attribué aux calices un débit déterminé, puisqu'il savait que ces calices se prolongeaient, par une conduite forcée, jusqu'au domicile de l'usager, et qu'ainsi non-seulement l'orifice de sortie de l'eau était à un niveau différent pour chaque concession, mais encore que la longueur et le diamètre de la conduite étaient eux-mêmes variables.

[1] Voy. p. 74.

CHAPITRES VI ET VII

ADMINISTRATION DES EAUX DE ROME

Distribution de l'eau des aqueducs, intra et extra-muros. — La ville, sous Auguste, fut divisée en quatorze régions. Savoir[1] :

1re région, dite		Porte Capène.
2e	—	du Mont Cœlius.
3e	—	d'Isis et Sérapis.
4e	—	de la Voie Sacrée.
5e	—	Esquiline.
6e	—	Alta Semita.
7e	—	Via lata.
8e	—	du Forum.
9e	—	du Cirque de Flaminius.
10e	—	du Palatin.
11e	—	du grand Cirque.
12e	—	de la Piscine publique.
13e	—	du Mont Aventin.
14e	—	Transteverine.

Les eaux publiques de Rome se distribuaient extra et intra-muros.

[1] Voir la carte de Rome. J'ai tracé sur cette carte l'emplacement des quatorze régions, d'après Rondelet. J'ai indiqué aussi, d'après le même auteur et d'après M. Fabio Gori, le tracé des principaux aqueducs dans l'intérieur de la ville.

Les concessions étaient faites, soit au nom de César, soit pour des services publics, soit enfin pour l'usage des particuliers.

On entendait par concessions au nom de César, celles qui étaient attribuées aux propriétés impériales.

L'eau distribuée se répartissait ainsi, entre ces trois branches du service, avant le règne de Nerva.

NOMS DES AQUEDUCS	HAUTEUR DE L'EAU AU-DESSUS DU QUAI DU TIBRE A L'ARRIVÉE (d'après Rondelet)	RÉGIONS DANS LESQUELLES L'EAU ÉTAIT DISTRIBUÉE INTRA-MUROS	NOMBRE DE CHATEAUX D'EAU	VOLUME TOTAL QUINAIRES	HORS DE LA VILLE		DANS LA VILLE		
					au nom de César	aux particuliers	au nom de César	aux particuliers	services publics
					QUINAIRES		QUINAIRES		
Appia	8,37	2.8.9.11.12.13.14	20	704	»	5	151	194	354
Anio Vetus	25,17	1.3.4.5.6.7.8.9.12.14	35	1 610	104	404	60	490	552
Marcia	37,48	1.3.4.5.6.7.8.9.10.14	51	1 935	269	568	116	543	439
Tepula	38,23	4.5.6.7	14	445	58	56	34	247	50
Julia	39,71	2.3.5.6.8.10.12	17	803	85	121	18	196	383
Virgo	10,43	7.9.14	18	2 504	»	200	594	338	1 417
Alsietina	»	»	»	392	254	138	»	»	»
Claudia	47,42	dans les 14 régions.	92	5 625	217	439	779	1 839	1 206
Anio Novus	47,52				731	414			
TOTAUX			247	14 018	1 718	2 345	1 707	3 847	4 401

Ce premier tableau fait voir que les conduites des diverses eaux de Rome s'enchevêtraient les unes dans les autres ; telle eau n'était pas affectée à tel quartier, comme dans les distributions modernes.

Les ramifications des aqueducs bas, Appia et Virgo, serpentaient dans les vallées et les dépressions de huit quartiers ; les eaux moyennes de Marcia, Tepula et Julia se répandaient sur les coteaux de douze quartiers, et enfin les eaux élevées de Claudia et d'Anio Novus atteignaient les parties hautes de toute la ville.

Il est facile de comprendre combien cette répartition devait compliquer la distribution, combien de parties d'aqueducs et de conduites traversaient des quartiers entiers, sans y distribuer d'eau, etc.

La quantité d'eau, attribuée au service extérieur, est évidemment sans intérêt pour nous; il en est de même des 1 707 quinaires délivrés, au nom de César, dans la ville. Les quantités d'eau, réellement distribuées aux Romains, étaient donc les suivantes :

Aux particuliers.	3 847	quinaires.
Aux services publics.	4 401	—
En tout.	8 248	—

L'eau délivrée aux services publics était ainsi répartie d'après Frontin.

NOMS DES AQUEDUCS	QUANTITÉ TOTALE	CAMPS (CASTRA)		ÉTABLISSEMENTS PUBLICS (OPERA PUBLICA)		THÉATRES OU SPECTACLES (MUNERA)		LACS OU PIÈCES D'EAU (LACUS)	
		NOMBRE	QUANTITÉ D'EAU QUINAIRES	NOMBRE	QUANTITÉ D'EAU QUINAIRES	NOMBRE	QUANTITÉ D'EAU QUINAIRES	NOMBRE	QUANTITÉ D'EAU QUINAIRES
Appia.	354	1	5	14	123	1	2	92	226
Anio Vetus. . . .	552	1	50	18	193	9	88	94	218
Marcia.	439	4	41	15	41	12	104	113	253
Tepula.	50	1	12	3	7	»	»	13	31
Julia.	383	3	69	10	182	3	67	28	65
Eau vierge. . . .	1 417	»	»	16	1 330	2	26	25	61
Alsietina.	»	»	»	»	»	»	»	»	»
Claudia. . . . . / Anio Novus. . . .	1 206	9	104	18	522	12	99	223	481
TOTAUX. . .	4 401	19	279	94	2 401	39	386	591	1 335

« Telle a été, ajoute Frontin, jusqu'au temps de Nerva, la manière dont cette grande quantité d'eau était comptée et inscrite dans les registres; maintenant, par la prévoyance du prince le plus zélé, tout ce qui était détourné par la fraude des fontainiers ou par négligence, a accru la distribution comme de nouvelles eaux, et produit l'abondance [1]. »

Il faut cependant faire une réserve sur ce passage de Frontin; nous savons, par le texte de son Commentaire et par Pline, que Marcia, Julia et Virgo étaient frauduleusement détournées de la

[1] FRONTIN, chap. LXXXVII.

distribution. Les tableaux qui précèdent ne représentent donc pas la répartition de l'eau réellement *distribuée*, mais celle de l'eau concédée d'après les registres, ce qui est bien différent.

Les quantités correspondant à ces trois eaux étaient 5242 quinaires; en ne comptant pas ce qui se distribuait à la campagne ou au nom de César, il reste 3316; retranchant ce nombre des 8248 quinaires affectées dans Rome aux services public et privé, on trouve qu'il ne restait en réalité, pour ces deux services, que 4932 quinaires, ou environ le tiers de la portée des aqueducs, soit 300000 mètres cubes. De sorte qu'en admettant une population de 1000000 d'âmes, chaque Romain recevait, non pas 14 ou 1500 litres d'eau par jour, comme on pourrait le croire d'après les calculs de Rondelet, mais 300 litres, avant la réforme de Nerva, et 500 litres après cette réforme.

Combien de temps l'ordre dura-t-il dans le service après Trajan et Frontin? C'est ce qu'il est impossible de savoir.

Frontin nous apprend qu'une nouvelle répartition de l'eau fut faite par Nerva, mais sans en faire connaître les détails. Par ordre de l'empereur, les eaux furent classées suivant leurs propriétés.

On a vu, ci-dessus, que trois des aqueducs, Anio Vetus, Alsietina et Anio Novus, amenaient des eaux puisées dans l'Anio ou le lac Alsietinus. Les autres aqueducs étaient alimentés par des sources; mais, par suite de la négligence des fontainiers, les cours limpides de ces derniers étaient souvent troublés par le mélange du produit bourbeux du lac ou de la rivière; les meilleures eaux étaient employées aux plus vulgaires et aux plus sales usages [1].

L'empereur Nerva fit cesser ce désordre; chaque espèce d'eau eut son affectation spéciale.

L'eau de Marcia fut placée au premier rang et réservée tout entière pour la boisson; les autres furent distribuées, suivant leurs

[1] *Marciam ipsam splendore et rigore gratissimam, balneis et fullonibus et relatu quoque fœdis ministeriis deprehendimus servientem.* (FRONTIN, chap. XCI.)

qualités, pour les usages auxquels elles étaient propres; ainsi l'eau d'Anio Vetus, jugée trop insalubre pour les usages domestiques, fut destinée à l'arrosage des jardins et aux emplois les plus vils.

Mode de concession. — Des sénatus-consultes, rendus du temps d'Auguste, sous le consulat de Q. Œlius Tubero et P. Fabius Maximus, réglaient les conditions auxquelles les concessions privées pouvaient être faites.

Le prince seul pouvait les accorder.

Celui qui désirait obtenir une concession d'eau publique en faisait la demande au prince[1]. Si cette demande était favorablement accueillie, la lettre du prince était remise au curateur des eaux, qui transmettait immédiatement l'affaire à son adjoint, affranchi de César.

C'était l'adjoint qui indiquait le module à prendre et qui veillait à ce que, sur une longueur de 50 pieds à partir du château d'eau, le diamètre de la conduite fût le même que celui du calice.

Aucun particulier ne pouvait tirer l'eau des canaux publics; c'était du château d'eau privé, dont l'emplacement avait été ori-

[1] Voici la demande en vers du poëte Martial :

Ad Cæsarem Domitianum.
Est mihi, sitque precor longum te præside, Cæsar,
Rus minimum : parvi sunt et in urbe lares,
Sed de valle brevi, quas det sitientibus hortis,
Curva laboratas Antlia tollit aquas.
Sicca domus quæritur nullo se rore foveri,
Quum mihi vicino Martia fonte sonet.
Quam dederis nostris, Auguste. penatibus undam
Castalis hæc nobis, aut Jovis imber erit.

A César Domitien.

Je possède, César, et je prie les dieux que ce soit longtemps sous ton règne, une petite maison à la campagne et un modeste foyer à la ville. C'est à force de bras qu'on tire d'une étroite vallée, au moyen d'une noria, l'eau nécessaire à mes jardins altérés, et cependant, tandis que ma maison à sec se plaint de ne pas jouir d'une goutte de rosée, j'entends ma voisine Marcia bouillonner dans son château d'eau. La concession que tu voudras bien faire à mes pénates, Auguste, sera pour moi l'eau de Castalie ou la rosée de Jupiter. (Martial, liv. IX, épiq. xix). (Je traduis *curva antlia* par le mot *noria.*)

ginairement fixé par le curateur, que partait la conduite. Frontin fait observer que cette mesure avait été prise, *afin que les canaux et tuyaux publics ne fussent pas fréquemment endommagés*[1].

C'est juste le contraire de ce qui se pratique aujourd'hui. Il est absolument interdit à un particulier de prendre l'eau dans un réservoir. C'est sur les conduites publiques que sont branchées les prises d'eau des abonnés. La solidité de la canalisation n'est jamais compromise par ces petites blessures.

D'après un autre sénatus-consulte rendu à la même époque, les bains publics jouissaient seuls de concessions perpétuelles. Le droit de concession d'eau accordé à un particulier ne pouvait être transmis ni à l'héritier, ni à l'acquéreur, ni à aucun nouveau propriétaire du domaine desservi. L'eau ne pouvait être conduite autre part que dans le domaine pour lequel elle était accordée, ni être tirée d'un autre château que celui désigné dans la lettre du prince.

Lorsqu'une concession devenait vacante, on l'annonçait publiquement, et on l'inscrivait sur le registre de la distribution. Originairement le curateur faisait cesser la distribution, dès que le droit de concession expirait, et vendait ce droit, soit au nouveau propriétaire du domaine, soit à d'autres. Nerva accorda une prorogation de 30 jours, pour ne pas priver tout à coup la propriété d'une eau nécessaire, et donner aux intéressés le temps de faire les démarches convenables.

Quand la concession était accordée pour les domaines possédés en société, le dernier survivant jouissait de toute la quantité d'eau accordée à ces domaines[2].

Administration des anciennes eaux. — Dans l'origine, le service des eaux de Rome était très-simple ; toute l'eau des aqueducs débouchait dans les fontaines publiques et les pièces d'eau ; les particuliers ne pouvaient détourner à leur profit que les eaux

[1] Frontin chap. cv et cvi.
[2] Frontin, chap. cvii, cviii et cix.

caduques ou le trop plein de ces récipients. « *Ne quis privatus aliam ducat, quam quæ ex lacu humum accedit,* » dit une ancienne loi [1].

Plus tard, on concéda ces eaux caduques, y compris celles qui s'échappaient par les fuites des conduites d'eau publiques. Frontin fait remarquer avec raison que ces concessions favorisaient les fraudes des fontainiers, et je reviendrai plus loin sur cette question. Elles étaient d'ailleurs rarement accordées, parce que ces eaux étaient affectées au lavage des rues et des égouts [2].

Frontin pense que l'administration des eaux était alors confiée tantôt aux édiles, tantôt aux censeurs, mais plus particulièrement aux censeurs.

L'entretien des aqueducs était ordinairement affermé, et les fermiers publics devaient avoir un certain nombre d'esclaves attachés à cet entretien. On inscrivait sur les tablettes publiques les noms de ces ouvriers, de leur profession, et du quartier où ils devaient travailler.

Les administrateurs (censeurs ou édiles) entraient dans les moindres détails du service. Ainsi les jours où les jeux du grand cirque se célébraient, on ne pouvait, sans leur ordre, faire les arrosages intérieurs indispensables.

Les lois répressives étaient très-sévères; les champs, arrosés avec des eaux frauduleusement détournées, étaient confisqués, et les fermiers qui favorisaient la fraude étaient punis d'amende. On frappait d'une amende de 10 000 sesterces (1 400) [3] celui qui était convaincu d'avoir altéré la qualité des eaux [4].

Ces lois, qui punissent si rigoureusement des faits que l'opinion publique ne considère pas comme des délits déshonorants, ont rarement un effet efficace. La surveillance continue de l'administration, telle qu'elle se pratique aujourd'hui, est bien autre-

[1] Frontin, chap. XCIV, XCV, XCVI et XCVII.

[2] Frontin, chap. CX et CXI.

[3] A cette époque le sesterce ne valait que 0 fr. 14

[4] *Ne quis aquam oletato dolo malo ubi publice saliet, si quis oletarit sestertiorum decem millia multa esto.* (Texte d'une ancienne loi, Frontin, chap. XCVII.)

ment puissante. Avec un peu de soin et d'attention, il n'est pas difficile d'empêcher de crever un aqueduc, de planter des arbres ou d'ériger des bâtiments, sur les zones de terrains réservées pour le service.

En réalité, malgré toutes ces mesures administratives et cette organisation, si dure en apparence, les abus les plus scandaleux se développaient pour ainsi dire publiquement.

Administration nouvelle. — En 719, les aqueducs ne fonctionnaient plus et n'amenaient à Rome qu'une quantité d'eau insignifiante. M. Agrippa les ayant restaurés complètement, resta pour ainsi dire administrateur à vie de ces beaux monuments qu'il regardait, avec raison, comme son ouvrage. Il les entretint de ses propres deniers, organisa une brigade d'esclaves chargée en permanence des soins qu'exigeait leur conservation. Auguste céda au public cette brigade qui lui était revenue en héritage après la mort d'Agrippa [1]. Elle était composée de 240 esclaves.

Plus tard, Claude institua une seconde brigade de 460 ouvriers, qui resta la propriété de l'empereur (*Familia Cæsaris*).

Cette organisation existait encore du temps de Frontin. C'était, pour nous servir d'expressions modernes, l'entretien par *voie de régie* substitué à l'entretien *à l'entreprise*, qui se pratiquait du temps de la République.

Chaque brigade se décomposait en différentes classes d'agents et d'ouvriers. On y comptait les régisseurs (villici), les gardes-bassins (castellarii), les inspecteurs (circitores), les paveurs (silicarii), les enduiseurs (tectores) et les manœuvres (opifices).

Ces ouvriers étaient logés, soit autour des châteaux d'eau et des spectacles, soit hors des murs, à portée des aqueducs, pour exécuter promptement les manœuvres nécessaires en cas d'accident [2].

[1] *Habuit et familiam propriam aquarum quæ tueretur ductus, atque Castella et Lacus. Hanc Augustus hæreditate ab eo sibi relictam publicavit.* (Frontin, chap. xcix.)

[2] Frontin, chap. cxvii.

Le niveleur (librator) ne paraît pas avoir été compris dans les brigades attachées en permanence aux aqueducs. Je ne vois point non plus qu'il soit question, dans Frontin, du plombier, qui joue un rôle si important dans nos distributions modernes.

Cette organisation était en partie rationnelle. Il est absolument impossible, sans une régie bien organisée, de surveiller les aqueducs, les châteaux d'eau, et, en général, tous les ouvrages qui servent à la distribution de l'eau.

Les manœuvres, en cas d'accident, doivent être faites avec une telle promptitude, qu'il faut que l'administration ait sous la main des agents qui dépendent entièrement d'elle; malheureusement les régies coûtent fort cher, parce qu'il est difficile, faute de stimulant, d'obtenir des ouvriers qui y sont employés une somme suffisante de travail.

L'entretien proprement dit doit donc être fait à l'entreprise, autant que possible.

Curateurs des eaux. — Après la mort d'Agrippa, Auguste reconstitua l'administration des eaux de Rome. Sous le consulat de Q. Ælius Tubero et de Paulus Fabius Maximus, il créa une charge spéciale de curateur des eaux. Ce dignitaire était assisté de deux adjoints, et ses attributions furent réglées par sénatus-consulte.

Lorsqu'il vaquait à ses fonctions, il ne marchait qu'avec une nombreuse escorte, composée de deux licteurs, de trois esclaves publics, d'un architecte, et, en outre, de greffiers, d'expéditionnaires, d'huissiers, de crieurs en nombre égal à celui accordé aux fonctionnaires qui distribuaient le blé au peuple [1].

Toutefois, lorsqu'il agissait dans l'intérieur des murs, les deux licteurs étaient supprimés; ce qui veut dire sans doute que, hors des murs, les détournements d'eau et les autres entre-

[1] *Cum, ejus rei caussa, extra urbem essent, lictores binos, et servos publicos ternos, architectos singulos, et scribas et librarios accensos, præconesque totidem habere, quot habent ii per quos frumentum plebei datur.* (Sénatus-consulte, Frontin, chap. c.)

prises sur les aqueducs ne se réprimaient pas sans l'emploi de la force.

Le curateur et ses adjoints étaient défrayés de papier, de tablettes et de ce qui était nécessaire à l'exercice de leurs fonctions.

Leurs agents recevaient des salaires annuels et des rations de blé qui pouvaient être converties en argent. Ils devaient veiller à ce qu'aucune concession nouvelle ne fût faite sans l'ordre du prince; régler la prise d'eau de chaque usager à ce qui lui revenait légalement, s'opposer aux fraudes de tous genres [1]; vérifier souvent l'état des concessions hors de la ville et le nombre des fontaines publiques [2].

Lorsque des réparations étaient ordonnées par le Sénat, ils pouvaient extraire des propriétés voisines tous les matériaux nécessaires; l'indemnité était préalable et devait être réglée par arbitrage; le transport de ces matériaux s'effectuait à travers les propriétés privées.

Les édifices ne pouvaient être élevés et les arbres plantés qu'à une distance de 15 pieds (4m,455) des fontaines et des substructions. Lorsque les aqueducs étaient entièrement enterrés, la distance était réduite à 5 pieds (1m,485).

Les curateurs connaissaient de tous les délits et jugeaient les contrevenants, qui étaient condamnés à 10 000 sesterces d'amende (2 300 francs); la moitié de cette amende était donnée au délateur, l'autre moitié était versée au trésor public [3]. Toutes ces lois étaient sages, mais elles étaient fort mal observées.

Détournement des eaux publiques. — Les curateurs devaient vaquer aux affaires publiques et particulières, qui rentraient dans leurs attributions pendant le quart de l'année. Cet usage tomba

[1] *Hæc observanda sunt, ne quis sine litteris Cæsaris, id est-ne quis aquam non impetratam et ne quis amplius quam impetravit ducat... magna cura multiplici opponenda fraudi est... sollicite subinde ductus extra urbem circumeundi, etc.* (FRONTIN, chap. CIII.)

[2] *Est imperatum ut inspicerent aquas publicas, inirentque numerum salientium.* (Sénatus-consulte, FRONTIN, chap. CIV.)

[3] FRONTIN, chap. CXXVII.

en désuétude. Les appariteurs et autres agents d'un ordre inférieur, quoique payés par le trésor public, négligeaient leurs devoirs comme leurs chefs[1]. Les abus se multiplièrent donc comme sous l'ancienne administration, et malgré la sévérité des lois qui punissaient les contrevenants, l'eau des aqueducs fut détournée de la manière la plus scandaleuse.

« Nous avons trouvé (dit Frontin), des eaux détournées pour arroser des champs, alimenter des tavernes, des salles de festins, des lieux de débauche, etc.[2] »

Les eaux de Marcia et de Julia tout entières n'arrivaient plus à leurs lieux de distribution. Les anciens châteaux d'eau de ces eaux avaient été pris par Néron pour la distribution de Claudia et d'Anio Novus, et on n'en fit pas de nouveaux pour les eaux anciennes, qui furent détournées par les particuliers jusqu'au règne de Nerva.

Pline parle du détournement non-seulement de Marcia, mais encore de Virgo. « Déjà, depuis longtemps, la ville est privée de la jouissance de l'une et de l'autre de ces eaux, que des propriétaires, par avarice et par convoitise, ont détournées dans leurs maisons de campagne, au détriment de la salubrité publique[3]. »

Ces trois eaux figuraient au registre de l'état pour 2242 quinaires, absolument comme si elles étaient régulièrement distribuées.

Aujourd'hui on a peine à comprendre de pareils abus, une telle négligence chez les administrateurs et une telle impudeur chez les contrevenants.

Mais il ne faut pas perdre de vue que l'administration romaine avait peu à peu perdu son caractère municipal, si remarquable dans l'origine.

C'était le prince et le Sénat, qui réglaient les affaires de la ville

[1] FRONTIN, chap. CI.

[2] FRONTIN, chap. LXXVI.

[3] « *Quamquam utriusque jam pridem urbi periit voluptas, ambitione avaritiaque in villas ac suburbana detorquentibus publicam salutem.* » (PLINE *le Naturaliste*, lib. XXXI, chap. XXV.)

dans leurs moindres détails; mais le Sénat et le prince réglaient, en même temps, toutes les affaires du monde connu. Comment, dans ce chaos monstrueux, le pauvre intéressé à la bonne administration des eaux pouvait-il se faire entendre? Les riches propriétaires de maisons de campagne (*Suburbana*) détournaient, à leur profit, les eaux les plus réputées; tout le monde le savait, comme le prouve le passage de Pline que je viens de citer; mais personne ne cherchait à faire cesser ces audacieuses entreprises.

Il était même assez facile de les colorer d'une apparence de légalité.

Concession des eaux caduques. Abus auxquels elle donne lieu. — Dans l'origine, on donnait le nom d'eau caduque aux eaux surabondantes qui s'échappaient par l'orifice du trop plein des châteaux d'eau et des lacs; plus tard, on donna le même nom aux eaux qui provenaient *des fuites des conduites publiques, et ces deux espèces d'eau purent être concédées*[1].

On voit sans peine combien, avec la vénalité des fontainiers et l'incurie des administrateurs, il était facile de doubler et même de décupler ces concessions, en élargissant les fissures; mais ce qu'il est absolument impossible de comprendre, c'est qu'un administrateur des eaux ait pu proposer au prince de concéder l'eau des fuites des conduites publiques, et donner ainsi une sorte d'existence légale à un état de choses, qu'en bonne administration, on doit faire disparaître dès qu'il est connu. Car s'il n'est pas d'ouvrage moins difficile à entretenir qu'un aqueduc lorsqu'il est étanche, il n'en est pas non plus qui périsse plus vite, lorsque les fuites ne sont pas réparées en temps utile et quand l'eau exerce librement son action destructive.

Les concessions d'eau caduque provenant des fissures, avaient donc pour résultat infaillible, d'abord, le détournement progressif

[1] *Impetrantur autem et eæ aquæ quæ caducæ vocantur, id est quæ aut ex castellis affluunt aut ex manationibus fistularum.* (FRONTIN, chap. CX)

de l'eau de l'aqueduc, ensuite l'augmentation rapide des dégradations et bientôt la ruine de l'ouvrage lui-même.

C'est ainsi qu'on peut expliquer la fréquente destruction des aqueducs romains malgré la solidité de leur structure[1]; de siècle en siècle on les reconstruisait quand il surgissait un empereur maçon, comme Claude, ou de grands citoyens, comme Agrippa, Nerva et Trajan.

Je compléterai, au chapitre IX, cet exposé sommaire des causes de la destruction des aqueducs.

Le grand art de l'entretien est une invention moderne; c'est une des conquêtes de notre dix-neuvième siècle, et c'est surtout à l'active intervention des intéressés dans les affaires publiques, qu'il faut l'attribuer.

Le premier curateur des eaux fut Messala Corvinus. Après lui, jusqu'à Frontin, on en compte seize, tous grands personnages ou appartenant à des familles illustres : Messala Corvinus (an de Rome 743), C. Attejus Capito, Tarius Rufus, M. Coccejus Nerva, C. Octavius Lænas, M. Porcius Cato, Didius Gallus, Domicius Afer, L. Piso, Petronius Turpilianus, P. Marius, Fontejus Agrippa, Albius Crispus, Pompeius Sylvanus, T. Ampius Flavianus, Acilius Aviola, Sextus Julius Frontinus (an de Rome 850, ère vulgaire 97).

[1] Depuis qu'il n'y coule plus d'eau, les ruines des aqueducs résistent à l'action des siècles.

CHAPITRE VIII

EMPLOI DE L'EAU

Les anciens auteurs, Vitruve, Pline, Frontin, sont, sur ce sujet, d'un laconisme vraiment désespérant; à partir du château d'eau privé, on ne sait véritablement pas ce que devenait l'immense volume d'eau amené par les aqueducs. On a vu que ces eaux étaient concédées, au nom de César, aux particuliers et aux établissements publics. Je ne m'occuperai point ici des concessions faites au nom de César, qui alimentaient les propriétés du domaine impérial. Je ne parlerai que des concessions faites aux établissements publics et aux particuliers.

Services publics. — Les eaux concédées aux services publics, du temps de Frontin, alimentaient 19 camps, 39 théâtres, 591 pièces d'eau ou lacs et 94 établissements publics (chap. VII).

L'alimentation des camps et des théâtres n'offre pas grand intérêt; mais qu'étaient ces 591 lacs et ces 94 établissements publics dont parle Frontin? C'est ce qu'il importe de savoir.

Établissements publics. — Pline nous apprend qu'Agrippa, pendant son année d'édilité, répara les aqueducs, et construisit 700 lacs, 106 fontaines (salientes), 130 châteaux d'eau.

Si l'on rapproche ces nombres de ceux donnés par Frontin, il paraît probable que les 94 établissements publics, dont parle ce dernier, étaient des fontaines à l'usage du peuple.

On voit en effet, par les sénatus-consultes organiques, que le nombre des fontaines publiques, construites par M. Agrippa, ne devait être ni diminué ni augmenté; que les curateurs des eaux devaient veiller à ce que ces fontaines coulassent nuit et jour pour l'usage du peuple[1].

Il est probable que cette prescription du sénatus-consulte fut mieux observée que les autres : on ne créa pas de nouvelles fontaines publiques, même après l'arrivée des eaux de Claudia et d'Anio Novus. Du temps de Frontin, sous le règne de Nerva, le nombre de ces utiles établissements était le même que sous Auguste, de 100 environ. Ces fontaines étaient du reste magnifiquement dotées de 240 quinaires d'eau.

Ce sénatus-consulte démontre encore, que les plébéiens pauvres n'avaient pas d'eau dans leurs maisons et qu'ils la puisaient aux fontaines publiques.

Lacus; ce mot a la même signification évidemment que son équivalent français *pièce d'eau*. Mais à quoi servaient ces 700 pièces d'eau construites, suivant Pline, par Agrippa, et réduites du temps de Frontin à 591? Le traducteur de Pline, M. Ajasson de Grandsagne, spécialise et traduit *lacus* par le mot *abreuvoir*. Rondelet adopte l'expression plus générale mais plus vague de *pièce d'eau*, qui me semble meilleure. Probablement, comme le dit A. Cassio[2], ces pièces d'eau étaient des fontaines avec bassins ou vasques.

Vitruve ne donne aucune explication sur l'usage des pièces d'eau de Rome. Il dit simplement qu'un des compartiments des châteaux d'eau doit être réservé pour l'alimentation des pièces d'eau et des fontaines[3].

[1] *Itemque placere curatores aquarum .. dare operam uti salientes publici quam assiduissim : interdiu et noctu, in usum populi funderent.* (Sénatus-consulte. FRONTIN, chap. CIV.)

[2] A. Cassio, t. I, p. 48.

[3] Ci-dessus, page 74.

La population peu aisée y trouvait sans doute des lavoirs, des abreuvoirs, etc. C'est l'opinion de Baccius et de Guillelmus Philander.

On voit, dans *la Vie des papes*, qu'en 1 122, Calisto II, alors cardinal Guido de Conti di Borgogna, utilisa les eaux de Claudia pour faire, à la porte de Latran, une fontaine et une pièce d'eau *ad equorum usum*[1].

Les 591 pièces d'eau, qui existaient du temps de Frontin, recevaient 1 335 quinaires, soit en moyenne un peu plus de 2 quinaires chacune. C'était une abondante alimentation pour un lavoir ou un abreuvoir. Les eaux, qui en sortaient, portaient le nom d'eaux caduques, et dans les premiers temps, avant le grand développement donné aux aqueducs par Agrippa, ces eaux caduques étaient les seules qui pussent être détournées par les particuliers[2].

Frontin ajoute que ces eaux n'étaient concédées que pour l'usage des bains et des foulons, et qu'elles étaient affermées au profit du Trésor public.

Plus tard, les eaux caduques des pièces d'eau et celles beaucoup plus importantes, qui tombaient des châteaux d'eau, furent spécialement affectées au lavage des égouts et ne purent être détournées que par une autorisation spéciale du prince.

Des bains et des thermes. — Le Gymnase des Grecs a certainement servi de type aux thermes romains. Toute la nomenclature des thermes est d'origine grecque. *Laconycum*, *hypocaustum*, *miliarium*, *thermes*, etc., sont des mots grecs. Les grands établissements thermaux des Romains étaient donc une imitation de ceux de la Grèce.

Il ne peut être question ici des bains de rivière, qui ont été naturellement en usage à Rome, comme dans toutes les villes riveraines d'un cours d'eau. Dans l'origine, suivant Baccius, il n'y avait pas d'autre manière de se baigner. Le Sénat avait même

[1] A. Cassio, t. I, page 266.
[2] Voir ci-dessus, chap. VII.

construit le champ de Mars dans le voisinage du Tibre, pour que la jeunesse, après les exercices violents des armes, couverte de sueur et de poussière, pût se reposer de ses fatigues dans l'exercice de la natation. L'antique race de Romulus ignorait les délices des bains chauds[1].

Ce fut vers l'an 444, lorsque l'eau Appia eut été conduite à Rome, qu'on commença à construire des thermes « petits et ténébreux. »

Jusqu'au siècle d'Auguste, on ne fréquentait les thermes que pour s'y laver; les Palestres n'en faisaient point encore partie. Ce fut sous les empereurs que cet usage fut importé de la Grèce, qu'on donna aux thermes des proportions vraiment gigantesques, et qu'on put s'y livrer à tous les exercices du corps. « Toute la ville prit l'habitude de fréquenter chaque jour ces établissements; on y voyait les vieillards, les personnages consulaires, la plus haute noblesse, et même les artisans et les matrones. »

De nombreuses inscriptions prouvent que la construction des premiers thermes était ordonnée par un décret public. Plus tard, lorsque ces édifices atteignirent le plus haut degré de la grandeur et de la magnificence, ils furent érigés par les empereurs, jaloux d'immortaliser leurs noms en les donnant au peuple; d'où le nom de *xenia*, qui fut donné à certains thermes[2].

D'abord les bains étaient donnés gratuitement; les jours de réjouissance publique, on y distribuait même, sans rémunération, l'huile nécessaire. Dans les jours de deuil, l'usage des bains publics était interdit.

Lorsque les thermes eurent pris leurs colossales dimensions, le peuple les choisit pour lieu de réunion; les temples étaient trop étroits, et d'ailleurs chacun avait chez soi, ses pénates dont le culte lui suffisait[3].

Avant Agrippa, les établissements de bains et les foulons se

[1] *Balnearium deliciarum ignara.* (Baccius.)
[2] *Xenium :* présent, étrennes.
[3] Résumé du livre de Baccius sur les thermes; les passages compris entre guillemets sont traduits littéralement.

partageaient les eaux caduques et n'avaient pas d'autre alimentation. Ils étaient donc fort mal desservis, puisque dans la saison chaude, lorsque le débit des aqueducs diminuait, ils devaient être souvent en chômage. Plus tard, les thermes furent alimentés par des dérivations des aqueducs ; l'eau Antoniana était une branche détachée de Marcia, pour alimenter les thermes de Caracalla ; de même Severiana se détachait de Claudia et était dérivée vers les thermes de Septime Sévère, etc.

Pline nous apprend qu'Agrippa, pendant son édilité, fonda 170 établissements gratuits de bains chauds, qu'il eut beaucoup d'imitateurs, et que de son temps ces établissements étaient véritablement innombrables[1].

Les bains chauds devinrent alors un besoin pour les Romains, et on leur accorda de grands priviléges. Les concessions d'eau faites à leurs fondateurs, n'étaient pas viagères comme les autres ; « quant aux bains publics, de tout temps ils ont joui du privilége de conserver perpétuellement les eaux qui leur étaient accordées[2]. » Suivant Vitruve, l'alimentation des bains était assurée par un compartiment spécial dans les châteaux d'eau[3].

Les bains principaux désignés par Sextus Aurélius Victor sous le nom d'impériaux, étaient au nombre de douze[4]. C'est surtout à ces édifices qu'on a donné le nom de *thermes*. Les plus considé-

[1] *Nunc Romæ ad infinitum auxere numerum.* (PLINE.)

[2] FRONTIN, chap. CVII.

[3] Ci-dessus, page 74.

[4] Voici, d'après Baccius, les noms des douze thermes impériaux :

1°	thermes d'Agrippa	9°	région.
2°	—	de Néron, plus tard, thermes d'Alexandre Sévère	9° —
3°	—	de Titus	3°
4°	—	de Trajan	»
5°	—	de Commode	»
6°	—	de Septime Sévère	14° —
7°	—	de Caracalla ou des Antonins	12° —
8°	—	de Philippe	3° —
9°	—	d'Aurélien	»
10°	—	de Dioclétien	6° —
11°	—	de Sainte-Hélène mère de Constantin	5° —
12°	—	de Constantin	6° —

rables étaient les thermes de Dioclétien ; mais ceux dont les ruines ont conservé l'aspect le plus imposant sont ceux de Caracalla. Nous n'avons, dans notre Europe moderne, rien de comparable à ces somptueux édifices. Laissons parler un de nos plus savants architectes.

« Les bains avaient pris chez les Romains beaucoup plus d'importance qu'ils n'en ont aujourd'hui. Ils étaient plus usuels et par conséquent plus savamment combinés; dans les édifices qui leur étaient consacrés, on trouvait des bains froids, des bains tièdes, des bains chauds, des salles maintenues à une température moyenne, des étuves fortement chauffées et des pièces où l'on se couvrait d'huiles et de parfums, soit avant, soit après le bain. Il y avait aussi des endroits pour les exercices du corps, et d'autres pour ceux de l'esprit; c'étaient des portiques, des exèdres, des bibliothèques, des galeries, des cirques, des xystes, des promenades agréablement plantées. Les bains se prenaient ou dans des baignoires, ou dans des bassins assez grands pour qu'on pût y nager, et des siéges de marbre étaient disposés dans l'étuve.

« Les familles opulentes avaient des thermes dans leurs palais. D'autres thermes plus vastes, formant des édifices spéciaux, étaient ouverts au public, moyennant une légère rétribution d'abord, puis ensuite gratuitement, à partir des Antonins. Ces derniers établissements ont fini par prendre un développement prodigieux, dont aucune construction moderne ne saurait donner une idée; tout y était colossal et traité avec le plus grand luxe ; de belles mosaïques ou des compartiments de marbres colorés couvraient le sol; les murs étaient en partie revêtus de grandes dalles de marbre, et en partie ornés de peintures; les immenses voûtes étaient peintes ou dorées; les colonnes, les baignoires, les bassins étaient formés de marbres précieux, de granite, de porphyre ou de basalte; les plus belles statues décoraient les salles, les portiques et les promenades. De tous les monuments de la vie civile des Romains, les thermes étaient ceux pour lesquels on sacrifiait le plus, et c'étaient aussi les plus fréquentés. Il n'y faut pas voir seulement les bains, mais aussi des lieux de réunion, quelque chose d'analogue aux gymnases des Grecs ; les philosophes et les hommes de plaisir, les lettrés et les ignorants, le Sénat et le peuple, toutes les classes de la société y trouvaient à occuper leur loisir et à satisfaire leurs goûts. Ces édifices étaient tellement entrés dans les mœurs, qu'ils étaient presque devenus de première nécessité[1]. »

Je compléterai cet exposé général par une description sommaire des thermes de Caracalla, d'après la savante restauration de M. Blouet[2].

Le corps principal de l'édifice formait un immense rectangle d'environ 540 mètres de longueur sur 330 mètres de largeur, qui couvrait par conséquent une surface de 11 hectares environ. Les réservoirs étaient établis sur une des façades principales, et deux vastes hémicycles formaient également saillie sur les façades latérales.

L'édifice se composait d'un rez-de-chaussée et d'un étage élevé au-dessus. Sur la façade principale et en retour sur les côtés, régnait un vaste portique qui se reproduisait à l'étage supérieur.

Des salles de bains séparées, comprenant chacune un bassin et une anti-salle pour se déshabiller, étaient contiguës à ces portiques. Elles formaient, avec les réservoirs et les hémicycles, l'enceinte du monument et pour ainsi dire sa clôture.

Dans l'intérieur était une vaste cour où l'on remarquait, d'abord du côté de la façade principale et latéralement, de larges promenades plantées (*platanea*), ornées de bornes, de fontaines, de statues et de vases.

Sur la façade opposée, vers le réservoir, régnait un xyste, vaste espace découvert où l'on s'exerçait à la lutte, à la course, aux jeux du disque, des palets et des javelots.

[1] Léonce Reynaud, *Traité d'architecture*, 2e partie, p. 447.
[2] Voir le plan de l'édifice et sa description complète dans le *Traité d'architecture* de M. Léonce Reynaud.

Dans les hémicycles latéraux étaient établis les palestres, jeux gymnastiques, les salles de réunion, les académies et les promenoirs couverts et découverts.

Un édifice central de forme rectangulaire, ayant 212 mètres de longueur sur 110 de largeur (2^h,33), avec une grande rotonde en saillie, renfermait les principaux établissements thermaux. On y trouvait :

1° L'*Apodysterium*, salle dans laquelle on se déshabillait, à laquelle se rattachaient plusieurs pièces accessoires, telles que le vestiaire; le *Conisterium*, renfermant le sable destiné aux lutteurs, l'*Elæothesium*, ou l'on s'oignait d'huile pour le bain et les exercices gymnastiques;

2° Le *Frigidarium*, vaste piscine de 1 250 mètres environ de superficie, où l'on prenait les bains froids;

3° La *Cella tepidaria* ou *Sphæristorium*, salle maintenue à une douce température, où l'on trouvait plusieurs bassins d'eau tiède, et dans laquelle on se livrait à divers exercices;

4° Un second *Tepidarium*;

5° Le *Caldarium*, bain chaud situé dans la rotonde du côté du midi, de manière à recevoir le soleil pendant toute la journée. Au centre était une grande piscine d'eau chaude, et, dans les embrasures des fenêtres, des bassins plus petits;

6° Le *Sudatorium* ou *Laconicum*, étuve précédée d'un petit *tepidarium*;

7° Le *Tepidarium* et la *Cella frigidaria*, dans lesquels on passait en sortant du bain chaud.

Les trois chaudières qui, placées sur l'*hypocaustum*, donnaient, suivant Vitruve, l'eau chaude, l'eau tiède et l'eau froide, ne figurent pas sur le plan de M. Blouet. Elles étaient sans doute placées en un point élevé, d'où les eaux pouvaient affluer aux diverses piscines.

Il y avait en outre des salles d'exercice non couvertes, des bassins d'eau froide, des cours avec portiques, des exèdres ou salons de conversation, de vastes bibliothèques, un *ephebæum*, salle destinée aux leçons de gymnastique, etc.

Les autres thermes impériaux étaient, paraît-il, construits sur le même plan ; leurs dimensions seules variaient et étaient en général plus petites.

Cette description fait comprendre toute l'importance des thermes dans la vie des Romains. Avant le lever du soleil, dit Pline, les jeunes gens âgés de moins de vingt ans, sous les ordres d'un sévère pédagogue, s'y exerçaient dans les palestres.

Ibi cursu, luctando, hasta, disco, pugilatu, pila,
Saliendo, se exercebant, magisquam scorto aut saviis.

Les philosophes trouvaient, dans les exèdres, des auditeurs attentifs et intelligents.

Les lutteurs et athlètes attiraient la foule autour du xyste; les vieillards, suivant la saison, prenaient avant ou après le bain, un salutaire exercice dans les promenoirs, couverts et découverts. Les bibliothèques étaient toujours à la disposition de l'homme d'étude. Les bains froids, tièdes ou chauds, délassaient de toutes les fatigues, surtout lorsqu'on sortait des palestres ou des xystes.

On trouvait donc, dans ces merveilleux édifices, toutes les jouissances, toutes les facilités de la vie qu'un honnête homme peut désirer.

Mais peu à peu les abus les plus honteux s'y introduisirent. Dans l'origine, les deux sexes y étaient complétement séparés. Vitruve dit que les bains des hommes doivent toujours être distincts de ceux des femmes. Mais bientôt, cette règle qui nous paraît si naturelle, fut partout violée. Les écrivains grecs, dit Baccius, accusent les Romains d'avoir les premiers pris des bains avec leurs femmes nues, et bientôt d'autres en usèrent moins honnêtement encore[1]. Des thermes se fondèrent, où les deux sexes étaient admis pêle-mêle.

[1] *Græci quoque scriptores Romanis id vitium imputant, qui uxores secum nudas, in balneas introducerent; unde minus honeste alios hanc licentiam sumpsisse.* (Baccius.)

« Ceux qui les fréquentaient pouvaient s'y livrer à toute sorte de voluptés et aux plus honteuses débauches, ce que Pontanus a assez agréablement dépeint dans les vers suivants :

« Quid thermæ, nisi lene, molle, mite?
Hic fas est juveni, hic licet puellæ,
Certatim teneros inire lusus;
Hic et basia, morsiunculasque
Subreptim dare, mutuos fovere
Amplexus licet, et jocari
Hanc legem sibi balneæ edidere, etc. »

Je ne crois pas devoir traduire ces vers; dans leur naïve crudité, ils peignent plus éloquemment l'affaissement moral du peuple, que la description la plus minutieuse des usages des thermes. Cela me dispense de faire, comme certains auteurs, le catalogue des différents genres de courtisanes et d'êtres plus dégradés encore qui y pullulaient.

« On en vint au point que les femmes s'enivrèrent aux bains publics; que celles qui étaient le plus rigoureusement enfermées chez elles, qui passaient pour réservées, se montraient nues dans les thermes, se lavaient en présence de leurs esclaves et se faisaient frictionner par eux. »

Au lieu d'user des bains avec modération, comme d'un utile délassement, ou pour les besoins de la propreté, on les prit sans aucune mesure. Certains habitants de Rome se baignaient jusqu'à sept fois par jour, au grand détriment de leur santé.

Cælius Cyprianus, D. Hieronymus et d'autres écrivains chrétiens attaquèrent violemment ces mœurs des thermes dès le règne de Sévère et des Antonins.

Lorsque le christianisme devint dominant, les thermes furent donc enveloppés dans la même proscription que les théâtres, et ces beaux édifices disparurent peu à peu. Quelques églises de Rome occupent leurs ruines : telle est l'église de Sainte-Marie des Anges, au milieu des débris des thermes de Dioclétien ; on y lit ce distique :

Quæ fuerunt thermæ, nunc templum est virginis ; auctor
Est Pius ipse pater ; cedite deliciæ[1].

Le Panthéon est un reste des thermes d'Agrippa. (Baccius.)

On peut se demander si les thermes contribuèrent au relâchement des mœurs et à la dissolution de la puissance romaine, ou si les désordres signalés ci-dessus furent une conséquence de la corruption et de l'amollissement d'une nation si rude et si forte à son origine ; c'est, suivant moi, cette dernière hypothèse qui doit être admise.

Les mœurs romaines étaient arrivées à ce degré de relâchement, dès les premiers empereurs, et, ce qui le prouve, c'est l'indulgence avec laquelle étaient traités les auteurs qui décrivaient familièrement leurs propres turpitudes.

Aujourd'hui personne n'écrirait ce qu'écrivait Horace, sans se couvrir de honte, et sans causer un véritable scandale ; ce n'était pas seulement dans les mots que les Latins bravaient l'honnêteté. Comme l'opinion publique est toute-puissante chez les peuples modernes, elle a fait disparaître le sentiment même de ces scandaleuses débauches.

Les thermes, s'ils étaient rétablis, n'entraîneraient donc pas plus d'abus que nos écoles de natation. Avec la moindre surveillance (j'allais écrire sans surveillance), les choses s'y maintiendraient dans les limites des convenances les plus scrupuleuses.

Tout en reconnaissant combien était juste et même nécessaire l'arrêt prononcé par l'Église, dans les premiers temps de sa puissance, je ne puis m'empêcher de regretter un peu l'anéantissement de ces beaux et utiles édifices.

[1] Ce qui fut les thermes est aujourd'hui un temple de la Vierge, dont l'auteur est le pape Pie lui-même. Arrière, voluptés !

S'il avait été possible d'habituer les barbares envahisseurs aux douceurs des bains chauds et de la propreté, les aqueducs auraient été conservés ou restaurés par eux, et nos ancêtres n'auraient pas vécu jusqu'à ces derniers temps dans la plus honteuse saleté [1].

Les bains publics et gratuits fondés par les particuliers, dont le nombre, suivant Pline, était infini, ne renfermaient probablement aucun de ces accessoires qui faisaient des thermes des monuments si complets.

Les ruines des thermes donnent une idée assez nette de ce genre de construction. Les marbres et les matériaux précieux étaient de simples placages, qui ont été enlevés ou détruits par les barbares, ou par les architectes de la ville moderne. Il n'est resté que les massifs de petits matériaux qui constituaient la plus grande partie de la maçonnerie.

« Ces immenses constructions avaient reçu la plus grande solidité et présentaient un caractère tout à fait monumental, et l'on assure cependant qu'il n'avait pas fallu quatre années pour les élever dans toute leur étendue [2]. Le mode d'exécution fait comprendre la possibilité d'une pareille promptitude. Les murs étaient simplement construits en maçonnerie de blocage, revêtus en briques triangulaires et reliés par des assises de grandes briques qui régnaient dans toute leur épaisseur et étaient espacées de 1^{m},33 environ; les voûtes étaient formées d'une sorte de béton de pierre ponce, que supportaient de grandes briques de revêtement posées à plat; des dalles de marbre ou des enduits en stuc, que décoraient des peintures, s'appliquaient sur les parements.... les colonnes, les marbres, les œuvres d'art, se

[1] En 1870, à Paris, on ne compte encore que 187 établissements de bains publics « sales et ténébreux » comme les premiers thermes des Romains. Le nombre de bains délivrés annuellement par ces établissements aux 2 000 000 de Parisiens ne dépasse pas 4 200 000. Nous n'en sommes pas encore à l'usage abusif des bains des beaux temps de Rome. Il est vrai qu'il y a des salles de bains dans beaucoup d'appartements modernes. Mais la classe aisée, c'est-à-dire e petit nombre, fait seule usage de ces bains.

[2] Ce passage s'applique aux thermes de Caracalla.

préparaient pendant qu'on exécutait les maçonneries, et il ne fallait pas beaucoup de temps pour les mettre en place.

« Les thermes de Caracalla contenaient seize cents siéges de marbre pour les baigneurs, au dire d'Olympiada...[1] »

Emploi de l'eau pour les usages domestiques. — Suivons l'eau, maintenant, depuis le château d'eau privé jusqu'au domaine qu'elle alimentait.

La conduite privée, en plomb ou en poterie, à partir de l'extrémité du calice du château d'eau, passait sous le sol de la voie publique voisine, qu'elle suivait de manière à arriver par le plus court chemin possible, à la maison de l'usager ; elle pénétrait jusqu'à la cour intérieure, qui portait le nom de *Cavædium* et faisait partie du vestibule caractéristique de la maison romaine, de l'*Atrium*. L'eau s'épanchait nuit et jour, par une fontaine, dans l'*Impluvium*, sorte de bassin qui occupait le centre de la cour.

Cette disposition se remarque dans toutes les maisons riches de Pompéies. Les maisons habitées par le peuple en sont dépourvues [2], et il en était certainement de même à Rome. L'artisan couchait dans la boutique où il exerçait sa profession, et puisait l'eau nécessaire à ses besoins à la fontaine publique, qui coulait jour et nuit. L'entretien de ces fontaines était spécialement recommandé au curateur des eaux [3].

Le mode de distribution ne permettait pas d'élever l'eau à de grandes hauteurs dans l'habitation ; en cherchant à la faire monter au-dessus du rez-de-chaussée, par exemple, presque toujours le niveau du château d'eau aurait été dépassé, ou bien la charge, devenue insuffisante, n'aurait pas donné le volume d'eau concédé. Dans l'intérêt bien entendu de l'usager, il convenait de maintenir l'écoulement le plus près possible du sol.

[1] Léonce Reynaud, *Traité d'architecture*, 2e partie, p. 451.
[2] Renseignement donné par M. de Luca.
[3] Voir ci-dessus, page 116.

Les empereurs Gratien, Valentinien et Théodose encouragèrent l'établissement des bains privés par des concessions d'eau plus larges [1]. Il y avait des bains dans la plupart des grandes maisons et même dans les maisons de grandeur médiocre. Ces bains ornaient souvent les jardins, où l'on trouvait en outre des édifices imités des grottes naturelles, au fond desquels s'épanchait l'eau d'une fontaine et qui portaient le nom de nymphée. Suivant Baccius, le nombre des bains privés aurait été de 860. Mais il est probable que cet auteur fait confusion, et qu'il a désigné sous le nom de bains privés, réservés à l'usage exclusif du propriétaire, les établissements construits, suivant Pline, pour les besoins du peuple, qui en usait gratuitement. Il est certain que les bains véritablement privés étaient beaucoup plus nombreux à Rome, puisque, à Pompéies, on en trouve dans la plupart des maisons riches.

L'eau alimentait d'ailleurs tous les établissements d'industrie privée qui en font habituellement usage. Il y a, à Pompéies, des traces de distribution d'eau dans une boutique de blanchisseuse, dans une boulangerie, où les tuyaux débouchent dans les vases destinés à laver le blé [2].

[1] Rondelet, p. 134 et 136.
[2] Renseignements donnés par M. de Luca.

CHAPITRE IX

FRÉQUENTES INTERRUPTIONS DU COURS DES AQUEDUCS

Les anciens auteurs qui ont écrit sur les aqueducs romains, Philandre, Fabretti, Alberto Cassio, etc., nous laissent quelquefois dans l'incertitude sur certains points de l'histoire de ces grands ouvrages. J'ai eu plus d'une fois occasion de signaler les erreurs qu'ils ont commises; il n'était pas possible qu'il en fût autrement : les premiers savants, qui se sont occupés de recherches aussi difficiles, devaient nécessairement se tromper souvent dans leurs appréciations.

C'est ainsi qu'Alb. Cassio, lorsqu'il parle du tracé des aqueducs, est souvent à côté de la vérité, parce qu'il veut, sans preuves suffisantes, retrouver les 14 aqueducs de Procope et qu'il indique sur sa carte leur tracé, notamment celui d'*Adriana derivata ex lacu Fucini*.

Ces erreurs ont été corrigées peu à peu par des travaux plus récents; les dernières recherches de MM. Parker et Fabio Gori ont, pour ainsi dire, complété tout ce qui restait d'incertain sur le tracé des aqueducs.

Mais la science profonde des anciens auteurs les a très-heureusement guidés dans certaines parties de leurs recherches; et ils ont ainsi mis au jour certains faits que la concision désespérante des écrivains latins avait laissés dans l'ombre. C'est ainsi que Fabretti et A. Cassio ont recherché avec une admirable patience, les inscriptions anciennes, et les ont discutées avec un savoir véritablement lumineux. Je me servirai donc de cette partie de leurs ouvrages, pour compléter l'histoire des aqueducs.

J'ai déjà cherché à établir ci-dessus, qu'on considérait comme reconstruction complète, une simple restauration, la réfection de quelques parties des aqueducs détruites par les fuites.

Ces restaurations, prescrites par un sénatus-consulte, étaient limitées par des cippes ou petites colonnes portant des inscriptions analogues à celles-ci, qui ont été découvertes et discutées par Fabretti :

Marcia. L'empereur César Auguste, fils d'un dieu, d'après un sénatus-consulte. 1242 mesures de 240 pieds. (Trouvé sous Sainte-Marie d'Arsoli)[1].

Julia, Tepula, Marcia. L'empereur, etc. 43 mesures de 240 pieds. (Trouvé à 2 milles hors de la porte Majeure)[2].

Julia, Tepula, Marcia. L'empereur, etc. 25 mesures de 240 pieds. (Même direction)[3].

Sur les cippes figuraient donc les noms de l'aqueduc et de l'empereur qui le reconstruisait ou le réparait; des deux chiffres qui se trouvent au bas de l'inscription, le premier, d'après Alberto-Cassio et Fabretti, indiquait le nombre de mesures compris entre le cippe et le point où l'aqueduc débouchait dans la ville; le second, la longueur de la mesure qui était de 240 pieds romains. A. Cassio pense que cette mesure est le *jugerum* qu'on traduit habituellement en français par le mot *arpent*. Évidemment *jugerum* devrait être pris dans un autre sens, puisqu'il ne s'agit pas d'une mesure de surface.

1 MARCIA
IMP. CÆSAR
DIVI. F.
AUGUSTUS
EX. S. C.
CIↃ CCXLII
P. CCXL

2 JUL. TEP. MARC
IMPERATOR DIVI F.
AUGUSTUS
EX. S. C.
XLIII
PCCXL.

3 JUL. TEP. M.
IMP. CÆSAR.
DIVI F.
AUGUSTUS
EX. S. C.
XXV
P. CCXL

Suivant la première inscription, l'aqueduc Marcia fut réparé du temps d'Auguste à une distance de 298 080 pieds (89 400 mètres) de l'entrée de la ville, et, d'après la localité où le cippe a été trouvé, cette réparation aurait eu lieu vers Sainte-Marie d'Arsoli, c'est-à-dire à quelques kilomètres des sources.

D'après la 2e, Julia, Tepula, Marcia, furent réparés ou reconstruits du temps d'Auguste, à une distance des châteaux d'eau de 63 mesures de 240 pieds romains ou de 15 120 pieds ou de 4 491 mètres à partir du cippe. D'après la 3e, les mêmes aqueducs furent réparés ou reconstruits à une distance des châteaux d'eau, de 25 mesures de 240 pieds, ou de 6 000 pieds romains, ou de 1 782 mètres. C'est ce que dans les ponts et chaussées, en France, nous appelons une grosse réparation. En France, comme à Rome, ces travaux sont ordonnés par l'autorité supérieure, entre des points déterminés. C'est ce qui distingue ce genre de réparation de l'entretien proprement dit, qui s'applique à tout l'ouvrage. Pour ce qui concerne les aqueducs, la grosse réparation se comprend difficilement; l'entretien devrait être la règle absolue. Un ouvrage de ce genre ne doit jamais arriver à un état de dégradation, tel que la grosse réparation soit nécessaire. Dès que la moindre avarie se manifeste, l'ouvrier chargé de l'entretien doit mettre la main à l'œuvre pour la faire disparaître. Mais nous avons vu qu'il n'en était point ainsi à Rome, puisque l'eau des fuites, s'échappant par les fissures des aqueducs, était assimilée aux eaux caduques et pouvait être concédée[1], ce qui amenait la prompte détérioration de l'ouvrage. De là sans doute les fréquentes ruptures des aqueducs et les suppressions d'écoulement, qui faisaient croire à leur ruine complète.

C'est à des faits de ce genre qu'il faut attribuer tant de prétendues reconstructions qui, d'après les inscriptions des cippes, ne devaient et ne pouvaient être que des restaurations sur de petites longueurs.

[1] Voir chap. VII.

On profitait de ces grosses réparations pour rectifier le tracé des anciens aqueducs et en diminuer la longueur par des arcades ou des substructions [1].

Ce système de grosses réparations des aqueducs s'est conservé jusqu'à nos jours à Rome. L'entretien régulier, la réparation immédiate de la petite dégradation n'existe pas. Voici ce que m'écrit à ce sujet M. Blumensthil :

« Aujourd'hui on vient de réparer l'aqueduc Felice et la prise d'eau ; l'an prochain, ce sera le tour de la Vergine ; l'on finira par la Paola. Puis ce sera à recommencer par la Felice et ainsi de suite. »

Il y a un progrès cependant. Tous les trois ans on fait un examen attentif de l'état de l'aqueduc, et on répare les avaries. A Rome antique, on attendait que l'ouvrage tombât en ruines.

La mémoire des restaurations d'aqueducs est aussi conservée par des inscriptions beaucoup plus explicites.

On lit, sur la porte de Saint-Laurent, où passent plusieurs des aqueducs de la campagne de Rome, une inscription dont voici la traduction :

(1) Auguste, fils du divin César, souverain Pontife, l'année de son douzième consulat, la dix-neuvième année de sa puissance tribunitienne, acclamé quatorze fois imperator, reconstruisit tous les aqueducs [2].

Le texte latin de cette inscription se lit sur la figure 2 de la planche VII, page 54 ; son existence est donc incontestable ; il n'y est pas question des restaurations d'Agrippa. Ligorio prétend en avoir trouvé une autre, près du 3e milliaire de la voie Latine, qui remonte aussi au douzième consulat d'Auguste [3].

Ces inscriptions (1) et (2) se rapportent donc à la même date

[1] *Quibusdam locis, sic ubi ductus vetustate dilapsus est, omisso circuitu subterraneo vallium, brevitatis caussa, substructionibus arcuationibusque trajiciuntur.* (FRONTIN, chap. XVIII.)

[2] IMPR. CÆSAR. DIVI JULI F. AUGUSTUS. PONTIFEX. MAXIMUS. COS XII. TRIBUNII POTEST XIX. IMP. XIIII. RIVOS AQUARUM OMNIUM RESTITUIT.

[3] AQUÆ. JULIÆ. TEPULÆ. IMP. CÆSAR. DIVI. JULI. F. AUGUSTUS. PONTIF. MAX. COS. XII. TRIB. POT. XIX. CURANTE. M. WIPSAN. AGRIPPA. ŒDIL. CURUL. L C-C. P. MILL. X.

et la seconde consacre la mémoire de la restauration des aqueducs par Agrippa. A. Cassio fait remarquer que le 12e consulat d'Auguste remonte à l'an de Rome 748, et qu'Agrippa est mort en 742; il relève ainsi une première erreur historique évidente; mais il en est une seconde qui me paraît également démontrée par la discussion qui va suivre. Je considère donc cette inscription comme apocryphe.

Agrippa construisit Julia en 719 et Virgo en 732 [1]; la restauration des anciens aqueducs a été terminée à la première de ces dates; car Julia ayant été construit au-dessus de Tepula en 719, sans qu'il y ait solution de continuité dans la maçonnerie, et Tepula existant déjà au-dessus de Marcia, ces deux derniers aqueducs ont été restaurés à la même époque, au moins entre le 7e milliaire et Rome; Frontin le dit expressément [2]; la restauration d'Anio Vetus remonte aussi à la même date, c'est-à-dire à à 719. L'œuvre d'Agrippa était donc terminée en 732, lorsqu'il acheva Virgo; tout au plus restait-il à réparer Appia. C'est une seconde preuve à l'appui de l'opinion d'Alberto Cassio et de Fabretti, qui considèrent comme fausse, l'inscription de Ligorio. Mais alors si l'œuvre d'Agrippa était achevée en 732, il faut reconnaître que les aqueducs ne donnaient plus d'eau en 748, puisque Auguste dut les reconstruire tous à cette date.

Tibère répara Virgo, comme le prouve l'inscription suivante, gravée sur une pierre trouvée au mont Pincio et discutée par divers antiquaires, et notamment par Fabretti et A. Cassio.

(3) Virgo. Tibérius César Auguste, la trente-huitième année de sa puissance tribunitienne, à son cinquième consulat, huit fois acclamé imperator, père de la patrie; une mesure de 240 pieds (an 31 de l'ère vulgaire) [3].

Caïus Caligula, successeur de Tibère, dans un accès de folie

[1] Frontin, chap. ix et x.
[2] Frontin, chap. ix.
[3] Virgo. Ti. Cæsar. Aug. Pontif. Max. Trib. Pot. XXXVIII. Cos. V. Imp. VIII. P. P. I. P. CCXL.

rompit les arcs de Virgo. La restauration fut faite par Claude, comme le prouve l'inscription suivante, citée par Fabretti et divers antiquaires

(4) Virgo. Tiberius Claudius, fils de Drusus, César, Augustus, Germanicus, souverain Pontife, la quatrième année de sa puissance tribunitienne : une mesure de 240 pieds (an 43 de l'ère vulgaire)[1].

C'étaient de courtes réparations, on le voit, puisqu'elle ne s'étendait pas à plus de 240 pieds de la ville, et il n'était pas nécessaire d'en faire plus, car ce fou de Caïus, quelle que fût son obstination à faire le mal, ne pouvait déterrer sur toute sa longueur un aqueduc qui se montrait à peine hors du sol, si ce n'est sur quelques arcades ; il suffisait de rompre ces arcades pour arrêter le cours de l'eau.

En effet, voici une inscription d'après laquelle Claude aurait reconstruit toutes les arcades de l'aqueduc.

(5) Tibérius Claudius, fils de Drusus, Auguste, Germanicus, souverain Pontife, la cinquième année de sa puissance tribunitienne, acclamé neuf fois imperator, père de la patrie, consul désigné pour la quatrième fois, rétablit et refit à nouveau, depuis les fondations, les arcades de l'aqueduc de Virgo, détruites par Caïus César[2].

Cette inscription prouve que Claude ne reconstruisit pas entièrement l'aqueduc.

La mémoire de la construction de Claudia et d'Anio Novus a été conservée par une inscription gravée sur une large pierre du château d'eau.

(6) Ti. Claudius, fils de Drusus, César, Augustus, Germanicus, souverain Pontife, la douzième année de sa puissance tribunitienne, à son cinquième

[1] VIRGO. TI. CLAUDIUS. DRUSI. F. CÆSAR. AUG. GERMAN. PONT. MAX. TRIBUN. POTEST. IV. I. P. CCXL.

[2] TI. CLAUDIUS. DRUSI. F. AUG. GERMAN. PONT. MAX. TRIBUN. POTEST. V. IMP. IX. P. P. COS. DESI° IIII. ARCUS. DUCTUS. AQUÆ. VIRGINIS. DISTURBATOS. PER C. CÆSAREM. A. FUNDAMENTIS NOVOS. FECIT AC RESTITUIT.

consulat, acclamé vingt-sept fois imperator, père de la patrie, fit conduire, à ses frais, dans la ville, l'eau Claudia, des sources nommées Cœruleus et Curtius, sur 45 milles, et aussi l'Anio neuf, sur 62 milles (an 52 de l'ère vulgaire)[1].

En l'an 71 Vespasien fit rétablir l'aqueduc Claudia, dont le cours était interrompu depuis neuf ans, comme le prouve l'inscription suivante, qu'on lit à la porte Majeure.

(7) L'empereur César Vespasien Augustus, souverain Pontife, la deuxième année de sa puissance tribunitienne, acclamé six fois imperator, à son troisième consulat, et pour la quatrième fois consul désigné, père de la patrie, rendit à la ville, à ses frais, les eaux Curtia et Cerulea, conduites par le divin Claudius, et depuis interrompues et dispersées pendant neuf ans[2].

L'interruption remontant à neuf ans, c'est-à-dire à l'an 62, avait commencé sous le règne de Néron, mort en 68 ; de sorte que cet empereur, l'auteur de ce magnifique prolongement de l'aqueduc de Claude, connu sous le nom d'arcs Néroniens, avait laissé périr son œuvre peu d'années après son achèvement. Rien, ce me semble, ne prouve mieux l'insuffisance de l'entretien et le détournement du travail des familles d'esclaves attachées aux aqueducs[3].

On sait que Vespasien et son fils Titus n'imitaient pas leurs prédécesseurs et étaient dévoués au bien public; et cependant nous voyons les aqueducs dépérir sous leur règne comme sous celui des autres empereurs. Voici, en effet, l'inscription qu'on lisait au-dessus de l'arc de la porte Saint-Laurent :

(8) L'empereur Titus César, fils d'un dieu, Vespasianus, Augustus, souverain Pontife, la neuvième année de sa puissance tribunitienne, acclamé

[1] Ti. Claudius. Drusi. F. Cæsar. Aug. German. Pont. Max. tribun. Potest. XII. Cos. V. Imp. XXVII. pat. Patriæ. aquam Claudiam. ex fontibus. Quæ vocabantur. Cæruleus et Curtius A. Milliario. XLV. Item. Anienem. novum. A. milliario. LXII. sua impensa. in Urbem. perducendas. curavit.

[2] Imp. Cæsar Vespasianus. Aug. Pont. Max. Trib. Pot. II. Imp. VI. Cos. III. Design. IV. Pat. Patr. aquas. Curtiam et Cæruleam. perductas A. D. Claudio. et postea. interruptas. Dilapsasque. per annos IX. sua. impensa. Urbi restituit.

[3] Frontin, chap. cxvii.

quinze fois imperator, censeur, à son huitième consulat, consul désigné huit fois, a refait le canal de l'eau Marcia, détruit par la vétusté, et a ramené l'eau dont l'usage avait cessé[1].

C'est vers l'an 79, c'est-à-dire avant la mort de son père, que Titus fit cette réparation de Marcia.

On lit aussi à la porte Majeure, au château d'eau de Claudia, l'inscription suivante, qui a été reproduite sur une médaille grand format par ordre du Sénat.

(9) L'empereur Titus, fils d'un dieu, Vespasianus, Augustus, la dixième année de sa puissance tribunitienne, acclamé dix-sept fois imperator, père de la patrie, censeur, consul huit fois, prit soin de faire revenir, à ses frais, dans un nouvel aqueduc, les eaux Claudia et Anio Novus, dérivées par le divin Claude, et ensuite rendues à la ville, avec un château d'eau, par le divin Vespasien, son père, et de nouveau ruinées par le temps, depuis le sol[2].

C'est en l'an 79 que Marcia fut rendue aux Romains et l'année suivante eut lieu la restauration de Claudia et d'Anio Novus. Ainsi, depuis l'an 62 sous le règne de Néron jusqu'en 71, sous le règne de Vespasien, l'eau Claudia et Anio Neuf manquait à Rome, et en 79 le cours de ces deux eaux et de Marcia était de nouveau interrompu.

Titus était à peine mort que son frère Domitien restaurait de nouveau l'aqueduc Claudia. Une inscription trouvée près du mont S. Angelo, dans la vallée Degli Arci, fut conservée longtemps dans le château du duc Lotario Conti, où Antonio del Re la lut et la transcrivit.

(10) A la bonne déesse, très-sainte, céleste, S. Pasquidius, entrepreneur de fêtes, des œuvres de César et des œuvres publiques, refit cet édifice détruit. Avec son secours, le canal de l'eau Claudia Augusta a été restauré sous

[1] Imp. Titus. Cæsar. divi. F. Vespasianus. Aug. Pont. Max. Tribunic. potes. IX. Imp. XV. Cens. Cos. VIII. Desig. VIII Rivom aquæ. Marciæ. vetustate. Dilapsum. refecit. et aquam. quæ. in Vsu. esse. desierat. Reduxit.

[2] Imp. T. Cæsar. Divi. F. Vespasianus. Augustus. trib. potest. X. Imp. XVII. Pater. Patr. Censor. Cos. VIII. Aquas Claudiam et anienem. Perductas A. D. Claudio et Postea A. D. Vespasiano. Patre. suo. Vrbi. restituas. cum. capite. aquarum. A. Solo. vetustate. Dilapsæ essent. nova. forma. red cendas, sua impensa curavit.

le mont Affliano (aujourd'hui S. Angelo), étant empereur Domitien, César Auguste Germanicus (cinq ou dix fois) consul, aux nones de Juillet[1].

Le consulat de Domitien n'était probablement pas bien désigné; car le cinquième tombe en 75 du vivant de son frère Titus et même de son père Vespasien, et lorsque Domitien ne portait pas encore le nom de Germanicus; il est plus que probable que l'inscription portait originairement les mots Cos X et que lorsque Antonio del Re la copia, la moitié inférieure de X était détruite. Le dixième consulat de Domitien correspond à l'année 84. Ainsi Claudia, réparé en 71 par Vespasien, en 80 par Titus, ne coulait plus en 84.

On sait que Trajan restaura Marcia sur une grande longueur; d'après Alb. Cassio, ce travail exécuté, en l'an 103, s'étendait de Castel Madama à Rome, et l'aqueduc prit le nom de Trajana. Une médaille commémorative aurait été frappée par ordre du Sénat. Voici l'inscription qu'on lit sur le revers :

(11) Le Sénat et le peuple Romain, à l'excellent prince l'empereur César Nerva Trajan, Auguste, Germanicus, Dacius, souverain Pontife, cinq fois consul[2].

Eau Trajana.

Je citerai enfin l'inscription suivante :

(12) L'empereur Cesar L. Sept. Severus Pius Pertinax, fils du divin M. Antoninus Pius, Germ., Sarm., petit-fils du divin Commode, frère du divin Antoninus Pius, arrière petit-fils du divin Hadrianus, fils de l'arrière petit-fils du divin Trajanus Parthicus, petit-fils de l'arrière petit-fils du divin Nerva. Aug. Arabic. Abiab. Parthic., souverain Pontife, la neuvième année de sa puissance tribunitienne, acclamé imperator onze fois, deux fois consul, père de la patrie, proconsul, et l'empereur M. Aurelius Antoninus

[1] BONÆ DEÆ.

SANCTISSIMÆ. CÆLESTI. L. PASQUIDIUS. FESTUS REDEMPTOR. OPERUM CÆSAR. ET PUBLICARUM. AEDEM DIRUTAM REFECIT. QUOD ADJUTORIO. EJUS. RIVOM AQUÆ. CLAUDIÆ. AUGUST. SUB MONTE APPLIANO CONSUMAVIT. IMP. DOMIT. CÆSAR AUG. GERM. COS^{V}. NON. JUL.

[2] IMP. CÆS. NERV. TRAJANO. AUG. GERM. DAC. P. M. COS. V. P. P. S. P. Q. R. OPTIMO. PRINCIPI. S. C.

AQUA TRAJANA.

Pius Felix, fils de L. Sept. Severus Pius Pertinax, etc. etc., petit-fils du divin M. Antoninus Pius, Germ., Sarm, arrière petit-fils du divin Antoninus Pius, fils de l'arrière petit-fils du divin Hadrianus, petit-fils de l'arrière petit-fils du divin Trajanus et du divin Nerva. Aug., la quatrième année de sa puissance tribunitienne, proconsul, ont reconstruit à leurs frais les arcades du mont Cœlius, entièrement ruinées et détruites à partir du sol, par l'effet de la vétusté [1].

Les inscriptions qui précèdent prouvent combien les interruptions des aqueducs étaient fréquentes.

Frontin fait ressortir la difficulté de l'entretien des aqueducs.

Les avaries, suivant lui, sont occasionnées ou par la vétusté, ou par les entreprises des propriétaires riverains, ou par la violence des tempêtes, ou par les malfaçons trop fréquentes, surtout dans les ouvrages nouveaux. Les cunettes des aqueducs s'encombrent de limon ou d'incrustations; les enduits se dégradent; de là des fuites, et la destruction des parois et des substructions.

Les tempêtes et les autres actions atmosphériques dégradent surtout les arcades, les substructions et les aqueducs construits à flanc de coteau. Les parties établies au-dessous du sol résistent mieux, parce qu'elles ne craignent pas les variations de température [2].

Les entreprises des riverains consistent d'une part à faire des constructions ou des plantations contiguës aux aqueducs, à diriger les chemins au-dessus, et enfin à intercepter tout accès à la surveillance; d'autre part, à percer les parois des canaux pour y piquer leurs tuyaux, à abuser des plus minimes concessions pour détourner les eaux [3].

[1] IMP. CÆS. DIVI. M. ANTONINI PII. GERM. SARM. FILIVS. DIVI ANTONINI PII. NEP. DIVI. HADRIANI, PRONEP. DIVI TRAJANI, PARTHICI. ABNEP. DIVI NERVÆ. ADNEPOS. L. SEPTIMIUS. SEVERVS PIVS. PERTINAX. AVG. ARABIC. ABIAB. PARTHIC. PONT. MAX. TRIB POT. VIII. IMP. COS. II. P. P. PRO. COS. ET IMP. CÆS. L. SEPTIMI SEVERI PII PERTINACIS. AVG. ARABIC. ABIAB. PARTH. MAX. FIL. DIVI. M. ANTONINI PII, GERM. SARM. NEP. DIVI. ANTONINI. PII. PRONEP. DIVI. HADRIANI ABNEP. DIVI TRAJANI. PARTHIC. ET DIVI NERVÆ. ADNEP.

M. AVRELIVS. ANNONINIVS. PIVS. FELIX. AVG. TRIB. POTEST IIII, PRO. COS. ARCUS COELIMONTANOS. PLVRIFARIAM. VETUSTATE. COLLAPSOS. ET. CORRVPTOS. A SOLO. SVA. PE. CVNIA. RESTITVERVNT. (FABRETTI, p. 21, *Dissert.* I.)

[2] FRONTIN, chap. CXX, CXXI et CXXII.

[3] FRONTIN, chap. CXXVI, CXXVIII.

Des lois très-sévères furent rendues pour réprimer ces derniers abus[1]; des familles d'ouvriers étaient établies hors des murs pour faire les réparations urgentes[2].

Il semble donc, d'après cela, que les causes de dégradation étant ainsi connues, et les mesures si bien prises, le bon entretien des aqueducs devait s'ensuivre. Il est vrai que les parties en arcades et en substruction exigent un entretien très-minutieux et d'autant plus difficile que les réparations des fissures ne peuvent être faites que dans les saisons où l'on ne craint ni les chaleurs ni les gelées. Mais la véritable cause de la ruine des aqueducs est indiquée par Frontin lui-même; les curateurs des eaux, qui devaient donner le quart de leur temps à l'exercice de leurs fonctions, *avaient laissé tomber cet usage en désuétude*[3]. Les familles d'ouvriers attachées spécialement à l'entretien des aqueducs, *étaient habituellement détournées de ces utiles travaux pour s'occuper d'ouvrages privés*[4].

Personne ne s'occupait donc de l'entretien des aqueducs; des fuites se manifestaient dans les arcades, qui, faute d'entretien, et malgré la solidité de leur structure, tombaient en ruines; les particuliers favorisaient cette action destructive de l'eau, qu'ils détournaient à leur profit, comme l'a vu Frontin[5], et chaque empereur, dans le cours de son règne, pouvait s'attribuer la reconstruction d'au moins un aqueduc.

Les faits établis dans ce chapitre prouvent que les six aqueducs restaurés avant 732 par Agrippa, le furent de nouveau en 748, par Auguste (inscript. n° 1); que, 36 ans après, Virgo fut réparé par Tibère (3), puis, en 43, remis en service par Claude (4 et 5); que Claudia et Anio Novus, construits en 52, cessèrent de couler pendant neuf ans, sur la fin du règne de Néron jusqu'aux premières années de celui de Vespasien, en 71 (7);

[1] *Ibid.* chap. CXXVII, CXXIX.
[2] *Ibid.* chap. CXVII.
[3] FRONTIN, chap. CI.
[4] FRONTIN, chap. CXVII.
[5] FRONTIN, chap. LXXVI.

qu'une nouvelle restauration fut nécessaire en 80 (9); que Marcia fut reconstruit par Titus et Trajan (8 et 11), etc. Julia, Marcia et Virgo manquaient à la fois, du temps de Pline le naturaliste. Ces détournements privaient la ville du tiers ou même de la moitié des eaux dérivées, et le volume distribué s'abaissait alors à 400 000 et même à 300 000 mètres cubes.

Telles sont les conséquences forcées du défaut d'entretien de ces beaux ouvrages. Qu'arriverait-il à nos aqueducs modernes, si légèrement construits, s'ils étaient abandonnés à eux-mêmes comme les solides aqueducs de Rome?

Nous savons que Caracalla, vers l'an 212, fit une grande restauration de Marcia, puis nous perdons les traces des restaurations jusqu'à la fin du règne de Théodose le Grand.

Mais il est à croire que si les ruptures étaient fréquentes sous les premiers empereurs, si puissants et si riches, elles devinrent plus nombreuses encore sous leurs faibles successeurs.

CHAPITRE X

DES AQUEDUCS PENDANT L'INVASION DES BARBARES
RECONSTRUCTION PAR LES PAPES

Invasion des Barbares. — On a la certitude que Claudia arrivait encore à Rome sous Arcadius et Honorius; on possède le texte de deux lois rendues par ces empereurs en 399 et 402, pour la conservation de cet aqueduc et de son affluent Augusta[1].

L'existence d'Hadriana est également démontrée par une lettre de leurs successeurs Théodose et Valentinien adressée à Cyrus, préfet du prétoire[2].

Pendant les cent années qui suivent, les invasions de barbares se succèdent rapidement en Italie, et il n'est plus fait mention des aqueducs dans cette triste page de l'histoire. Cependant vers l'an 500 un de ces chefs barbares, Théodoric, bien supérieur aux autres par son intelligence et sa sagesse, chassa de Rome Odoacre et prit le titre de roi d'Italie. J'ai déjà cité une lettre de

[1] *Ex formà cui nomen Augusta est, quæ in campania sumptu publico reparata est nihil privatim singulorum usurpatio præsumat, neque cuiquam derivandæ aquæ copia tribuatur... etc.* (an 399.)
Ne quis Claudiam, interruptis formæ lateribus, atque perfossis sibi fraude elicitam existimet vindicandam... etc. (an 402.)

[2] *Omnis servitus aquæductus Hadriani, sive domorum, sive possessionum, sive suburbanorum, sive baliieorum... penitus exprobretur.* (RONDELET, p. 140, 142.)

Théodoric à son ministre Cassiodore sur les eaux Virgo et Claudia qui, par conséquent, arrivaient encore à Rome[1].

Ce grand roi, imitant M. Agrippa, fit réparer tous les aqueducs de ses propres deniers; ce qui ne le sauva pas de la perdition éternelle, ajoute A. Cassio, car il ternit les dernières années de son règne par d'horribles cruautés et notamment par la mort du saint pontife Jean Ier et de ses deux savants conseillers, Boëce et Symmaque.

C'est vers cette époque sans doute que Procope, venu en Italie à la suite de Bélisaire, vit couler les onze aqueducs dont il a été question ci-dessus et les trois branches qui s'en détachaient: Antoniana (dérivée de Marcia), Severiana (dérivée de Claudia), et Aureliana (dérivée de Trajana).

Mais ce nouveau printemps, cette refloraison des aqueducs ne devait pas être de longue durée. Les barbares ne laissaient ni paix ni trêve aux Romains; en 537, Vitigès, cinquième roi d'Italie, à la tête d'une armée de 150 000 Goths et Burgondes, vint assiéger Rome, défendue par Bélisaire. Le siége traîna en longueur, les aqueducs furent coupés, les Romains y suppléèrent par leurs eaux intérieures; les meules, que ces grandes chutes d'eau mettaient en mouvement, furent remplacées par des moulins à roues pendantes, construits sur le Tibre. Enfin, après une longue année, le grand général força le roi barbare à lever le siége et le fit prisonnier.

Mais les aqueducs étaient détruits, leur restauration exigeait de grandes dépenses, et l'argent était rare.

Cependant une inscription trouvée près du lac Sabattinus (Bracciano) prouve que Bélisaire restaura au moins Trajana; d'après les photographies de M. Parker, il restaura aussi Claudia, à Roma Vecchia.

Tombé en disgrâce en 549, Bélisaire fut remplacé par l'eunuque Narsès, grand général aussi, mais qui, attaqué par Totila, ne

[1] Voir page 23.

songeait guère aux aqueducs. Ce chef des Goths fut vaincu au Rubicon; mais d'autres hordes succédèrent à celles qu'il commandait et Narsès fut rappelé en 568. Longin Ier, exarque, et ses seize successeurs, ne surent pas résister à l'invasion du flot des barbares. Ainsi finirent les magnificences de Rome et ses beaux aqueducs.

Le dernier qui se tint debout, Trajana, cessa lui-même de porter de l'eau en 549. On peut donc dire que depuis l'invasion de Vitigès en 537, ou peut-être depuis le départ de Bélisaire en 548, le cours des aqueducs fut interrompu. Cette interruption affligea la ville éternelle jusqu'en 776, époque où commencèrent les travaux de restauration ou plutôt de reconstruction des papes.

Restauration des aqueducs par les papes. — Quoique la description des aqueducs modernes de Rome n'entre pas dans mon plan, je ne puis cependant me dispenser de dire comment ces ouvrages se rattachent aux anciens travaux des Romains.

J'en profiterai pour donner, sur les quatre aqueducs restaurés ou reconstruits par les papes, des détails qui ne pouvaient entrer dans les descriptions qui précèdent.

En 774, Charlemagne mit fin au royaume des Lombards, et fit prisonnier Didier, leur dernier roi; il rendit aux papes le domaine de saint Pierre, et se déclara protecteur et défenseur de l'Église, en même temps qu'il se faisait sacrer empereur d'Occident. La paix ayant été ainsi rendue à l'Italie et à l'Église, un souverain pontife, célèbre par sa sagesse, Adrien Ier, entreprit de rendre à Rome son antique splendeur, et notamment de reconstruire les aqueducs. Il se proposait de conduire leurs eaux, aux jours solennels des fêtes de Pâques, dans les basiliques du Vatican, de Latran et autres églises, en mémoire du Saint-Baptême et aussi pour la cérémonie du lavement des pieds des pauvres et des étrangers. C'est en 776 que cette pieuse entreprise fut commencée, et que ces belles sources, dérivées pendant si longtemps pour les délices et les voluptés des thermes, furent de nouveau conduites à Rome, pour l'exercice de la plus humble des vertus chrétiennes. Le premier aqueduc restauré fut Trajana, vint ensuite Marcia, puis Claudia, puis enfin Virgo. Trajana et Marcia furent conduites au Vatican, Claudia à la basilique de Latran. Il va sans dire qu'une bonne partie de ces belles eaux fut rendue au public.

Claudia, en 795, fut employée, par Léon III, successeur d'Adrien, dans deux grands cénacles (*triclinia*) érigés, l'un à Latran, près du temple de Constantin, l'autre à la basilique même. C'est vers cette époque qu'eut lieu le couronnement du nouvel empereur d'Occident, de Charlemagne, et le saint pontife voulait recevoir son hôte illustre dans son nouveau cénacle.

En 827, ce cénacle et les bains érigés pour la commodité des pauvres et des pèlerins, par Grégoire IV, furent transportés dans un lieu plus convenable, au cloître de Saint-Jean; mais on ne sait si Claudia y fut dérivée en même temps. Cependant il paraît que Calixte II, déjà cardinal vers 1120 ou 1122, fit usage de cette eau célèbre pour alimenter une fontaine, un abreuvoir et quelques moulins vers la porte de Latran [1]; postérieurement, il n'est plus question de Claudia.

Les commentateurs n'admettent pas tous que Marcia ait été restaurée par Adrien Ier. Le second aqueduc, dont ce pontife entreprit la reconstruction, est désigné par les écrivains contemporains sous le nom de Jovia (d'autres écrivent Giovia, Jobia ou Jopia). Quelle est l'eau antique dérivée sous ce nom nouveau? Plusieurs savants, Vignole notamment, dans le nom de Jovia, voient une corruption du mot Julia [2], et supposent que c'est ce dernier aqueduc qui fut restauré par Adrien Ier.

Mais il résulte, du récit d'un voyageur, découvert dans le monastère suisse d'Einsideln et publié par le P. Mabillon, du temps

[1] *Ex antiquo aquæductu fontem ad portam Lateranensem derivavit, lacu ad equorum usum adjuto. Ad Palatii vero commoditatem aliquot molendina supra ipsum rivum disposuit.*

[2] *Formam, quæ Jobia vocatur : Jobia Corrige Julia.* (VIGNOLE.)

de Louis XIV, que cet aqueduc Jovia n'était autre que Marcia. Ce manuscrit remonte à 875, et on y remarque le passage suivant, où le pieux pèlerin indique les stations qu'il fit à Rome. « A la porte de Saint-Pierre jusqu'à Saint-Paul ; de là, revenant par la voie Appienne à Saint-Sixte, où eut lieu la décollation du saint, de là à la porte Appienne : *là est l'aqueduc Jopia, qui vient du pays des Marses,* et court jusqu'à la rive. » Puis il ajoute : « De là aux thermes Antonins, au susdit Sixte [1]. »

Le père Montfaucon concluait de là que Jopia n'était autre qu'Appia, dont le nom était corrompu. Mais Al. Cassio dit avec raison que jamais Appia n'est sortie du pays des Marses ; qu'encore moins, elle n'est entrée à Rome par la porte Appienne ; que les sources de Marcia, au contraire, jaillissent dans cette contrée montueuse, et que c'est bien elle que le pèlerin a désignée clairement, en disant que *Jopia vient du pays des Marses.*

On sait que Dioclétien, voulant s'ériger en dieu, prit le nom de Jupiter ; il donna le nom de Jovia à Marcia, dont il dériva une branche vers ses thermes ; on a découvert une inscription sur une des portes de Grenoble (alors Cularon), à laquelle il donna aussi le nom de Jovia.

Il paraît donc bien démontré que le second aqueduc restauré par Adrien Ier est Marcia, et non Julia ou Appia. Ces deux aqueducs, alimentés par des sources de la banlieue de Rome, ne sont jamais venus du pays des Marses ; cela est évident.

Acqua Vergine.—Depuis Adrien Ier jusqu'au quinzième siècle, c'est-à-dire pendant plus de 600 ans, les papes, au milieu des guerres et des dévastations de toute sorte qui affligeaient l'Italie, négligèrent les aqueducs. « Les saints pontifes, dit A. Cassio, au lieu des fraîches eaux des aqueducs, ne répandaient plus dans Rome qu'un torrent de larmes amères. »

[1] *In Porta S. Petri usquè ad S. Paulum, inde revertentes per viam Appiam, ad S. Sixtum, ubi decollatus est, inde ad portam Appiam : ibi forma Jopia quæ venit de marsia, et currit usque ad ripam, etc.*

Il est à croire cependant que Virgo, dont le canal, presque entièrement souterrain, puisqu'on n'y remarque que vingt-deux arcades, vers Pietra Lata, résista plus longtemps que les autres à l'action du temps et des dévastations militaires; c'est donc sur cet aqueduc, dont les sources sont de plus très-peu éloignées de Rome, que se portèrent les premiers efforts des papes. Je lui donnerai désormais son nom moderne, *la Vergine*. Quoiqu'elle fût la seule à peu près intacte, cette galerie souterraine, par suite de quelque rupture, avait cessé de porter son eau jusqu'à la ville, lorsque Nicolas V, porté au siége pontifical en 1447, entreprit de la réparer; jusqu'en 1625 on lisait sur une plaque de marbre une inscription, dont voici la traduction :

> Nicolas V, souverain Pontife, rétablit plus magnifiquement, et fit orner l'aqueduc de l'eau Virgo, ruiné par la vétusté, et le rendit à la ville, si célèbre par ses monuments[1].

Cette restauration imparfaite ne dura que 30 ans; l'eau se perdait à l'entrée de Rome, au mont Pincio.

Sixte IV répara l'aqueduc et rendit l'eau à la fontaine de Trévi, en 1484; de nouvelles fuites se déclarèrent peu à peu, et, en 1550 ou 1555, le pape Jules III détourna ces eaux caduques à sa villa suburbaine. En 1559, l'eau manquait totalement à Rome. L'aqueduc fut réparé par Pie IV, au moyen d'une dépense de 52000 écus. Les travaux durèrent 11 ans, et ce fut en 1570, sous le règne de Pie V, qu'aux applaudissements du peuple, l'eau tomba de nouveau dans les bassins de Trevi. L'art de l'entretien n'existait pas encore.

Ainsi la Vergine fut définitivement conduite à Rome par le pape Pie IV, et distribuée par ses successeurs, Pie V et Grégoire XIII. Pie V attribua une partie de l'eau à des usines. Les fontaines de la Louve, du Pô, du Nil, du Lion, des Trois Grâces, furent éri-

[1] NICOLAUS V. P. M. ILLUSTRATAM INSIGNIBUS MONUMENTIS VRBEM DUCTUM AQUÆ VIRGINIS VETUSTATE COLLAPSUM SUA IMPENSA IN SPLENDIDIOREM CULTUM RESTITUIT ORNARIQUE MANDAVIT.
ANNO DNI. I. CH. MCDLIII.

gées par Grégoire XIII. Les successeurs de ce pontife fondèrent d'autres fontaines; le beau monument qu'on voit aujourd'hui sur la place de Trevi a été construit en 1735 par Clément XII; d'autres restaurations importantes de la Vergine remontent à 1744, et sont dues à Benoît XIV.

L'inscription suivante, gravée sur une plaque en marbre blanc, à la fontaine de Trevi, résume l'histoire de Virgo :

Clément XII, excellent et souverain Pontife, décora, par ce magnifique ouvrage, l'aqueduc de l'abondante fontaine de l'eau Virgine, construit par M. Agrippa, détruit par ordre de Caïus César, rendu à la ville, d'abord par l'empereur Claude, et ensuite par le pape Pie IV [1].

La collection des photographies de M. Parker renferme huit pièces relatives à l'acqua Vergine et à la Virgo antique [2].

Nous terminerons ce chapitre en rappelant que la Vergine arrive à Rome à l'altitude 20m,50, à très-peu de hauteur au-dessus du quai du Tibre.

Le débit de l'aqueduc est de 3000 onces de 20m,217 ou de 60 651 mètres cubes par 24 heures [3].

Acqua Felice. — Si l'aqueduc de la Vergine se confond presque partout avec Virgo Antique, il n'en est pas de même de la Felice.

C'est en 1587 que le pape Sixte V (Felice Peretti) conduisit à Rome cette eau nouvelle.

La Vergine ne pouvait être d'aucune utilité pour les quartiers de Rome bâtis sur les sept collines, puisque, arrivant à Rome à l'altitude 20m,50, elle s'élevait à peine au-dessus du quai du Tibre,

1 UBERRIMUM AQUÆ VIRGINIS FONTEM
A. M. AGRIPPA CONSTRUCTUM
CAJO CŒSARE IMPERANTE CONFRACTUM,
PRIMUM A CLAUDIO IMPERATORE
POST MODUM A PIO PAPA IV
URBI RESTITUTUM.
CLEMENS XII. PONT. OPT. MAX.
MAGNIFICI PROSPECTUS ORNAMENTO
DECORAVIT.

2 Photog. nos 85, 860, 861, 862, 863, 864, 1108, 1466.

3 Renseignements donnés par le colonel Blumensthil.

et que les sommets des collines dépassent le niveau de la mer de 50 à 72 mètres; ces quartiers élevés se dépeuplaient peu à peu; le souverain Pontife résolut de leur rendre au moins l'eau dont ils étaient privés depuis la destruction des anciens aqueducs. Le Saint-Père fait connaître ses intentions paternelles dans l'inscription suivante :

Sixte V, souverain Pontife, qui, ayant rétabli des fontaines, afin que les collines désertes de la ville fussent de nouveau habitées, donna l'ordre de chercher partout des sources. L'an MDLXXXV, le premier de son pontificat[1].

L'architecte Matteo da Castello fut chargé de la construction de l'aqueduc; il mit la main à l'œuvre avec deux mille ouvriers. Mais après avoir dépensé, ou plutôt gaspillé 100 000 écus, y compris une indemnité de 25 000 écus donnés au seigneur D. Marzio Colona, propriétaire du château della Colonna et du terrain d'où jaillissaient les sources, l'ingénieur fut forcé de reconnaître que ces sources refluaient, lorsqu'il voulut les introduire dans l'aqueduc; elles étaient situées à un niveau trop bas. On lui retira alors l'honorable tâche dont il avait été chargé, et on mit à sa place Jean, frère de Dominique Fontana, l'architecte de l'obélisque de la grande place du Vatican. Jean Fontana, pour ne point refaire les travaux déjà exécutés, chercha d'autres sources, et en trouva d'assez nombreuses et d'assez abondantes pour alimenter l'aqueduc. Le Saint-Père s'en assura par lui-même en visitant les lieux. Les travaux furent terminés en 1587, comme le prouve l'inscription suivante :

Sixte V, souverain Pontife, construisit, à ses frais, l'aqueduc de l'eau Felice, en canal souterrain sur 15 000 pas, sur des substructions ou des

[1] Sixtus V. Pont. Max.
Qui restitutis fontibus
Ut deserti Urbis iterum
Habitarentur colles
Quas undique inveniendas
Mandavit.
Anno MDLXXXV, Pont. 1.

arcades, sur 7 000 pas. An MDLXXXVII, le troisième de son règne pontifical[1].

Sixte-Quint fonda une rente annuelle de 700 écus pour entretenir l'aqueduc.

Les sources découvertes par Jean Fontana sur la colline orientale de la Colonna furent réunies par un canal de 2 000 pas aux sources basses découvertes par le premier ingénieur Matteo; plus tard, vers le milieu du dix-huitième siècle, le pape Urbain VIII augmenta encore la portée du canal de 300 onces d'eau; aujourd'hui cette portée est de 1 100 onces ou de 22 239 mètres cubes par vingt-quatre heures.

Ces sources jaillissent entre Monte Falcone et Gallicano, au lieu dit Rifolta Borghèse, au pied du massif volcanique de Frascati. Elles furent autrefois conduites à Rome dans Hadriana. Mais la Felice suit un tracé tout différent. Pour ne point couper tous les ravins de la campagne de Rome, comme le faisait l'aqueduc de l'empereur romain, et éviter de hautes arcades, l'aqueduc de Sixte-Quint se dirige vers cette plaine qui s'étend jusqu'à Rome, à la naissance même des ravins. A quelques kilomètres des sources il emprunte la cunette d'Anio Vetus jusqu'au 7e milliaire, où il se relie au triple aqueduc de Marcia, Tepula, Julia, qu'il suit jusqu'à l'entrée de la ville, vers la porte Majeure.

Sa longueur est de 22 milles, dont 7 en arcades; il débouche à Rome à l'altitude 59^{m},72.

Sixte-Quint alimenta avec les nouvelles eaux, cette belle fontaine de Monte Cavallo, connue de tous les voyageurs, et un grand nombre d'autres établissements hydrauliques.

A. Cassio et, après lui, la plupart des auteurs qui ont décrit les aqueducs, disent que l'aqueduc de la Felice est fondé sur

1 SIXTUS V. PONT. MAX.
DUCTUM. AQUÆ FELICIES.
RIVO SUBTERRANEO MILL. PASS. XV.
SUBSTRUCTIONE ARCUATA VII.
SUO SUMPTU EXTRUXIT.
AN. DOM. MDLXXXVII. PONT. III.

les ruines de Claudia[1]. C'est une erreur qui a été rectifiée sur la carte de M. Fabio Gori ; il emprunte, comme on vient de le dire d'abord, la cunette d'Anio Vetus, puis le tracé du triple aqueduc Marcia, Tepula, Julia, mais cependant sans se relier partout aux maçonneries de cet aqueduc ; c'est ce que les photographies de la collection Parker font voir clairement.

Ainsi, à 3 milles de Rome, près de la tour Fiscale, la Felice traverse les ruines d'un regard de Marcia[2].

A la tour Fiscale, elle se montre parallèle aux ruines du triple aqueduc, mais parfaitement séparée. L'ouvrage de Sixte-Quint passe dans une arcade de Claudia, un peu au-dessus du niveau de Marcia[3].

A Porta Furba, le même aqueduc passe à côté et au-dessous des ruines si caractéristiques de Marcia, Julia, Tepula[4], puis se dirige vers les arcades de Claudia, Anio Novus.

C'est près de ce dernier point que se trouve l'arche construite à 2 milles de Rome par Sixte-Quint, deux ans avant l'achèvement de l'aqueduc, arche qui sans doute a été la cause de la faute de nivellement commise par l'architecte Matteo ; la photographie montre la plaque de marbre blanc sur laquelle on lit facilement l'inscription, dont voici la traduction :

Sixte V, souverain Pontife, prit soin de faire passer sur cette arche, fondée par lui, l'an MDLXXXV, le premier de son règne pontifical, l'eau de plusieurs sources, découvertes et réunies en un seul lieu, par un aqueduc souterrain[5].

[1] *E per affrettar la condotta, et minorar le spese, disegno valersi de fondamenti rimasti nel l'agro Romano, essendo rovinato lo speco dell' acquidotto fabbricato da Claudio per condur l'acqua, cui dato aveva il suo nome.* (A. Cassio, première partie, p. 512.)

[2] Photog. n°s 896, 1028, 1029.

[3] Pl. VII et VIII, photog. n°s 528, 529, 530, 531, 1439 et surtout le n° 689, figure donnée par M. l'architecte Cicconetti.

[4] Photog. n°s 1006, 1435.

[5] SIXTUS V. PONT. MAX.
PLVRES TANDEM AQVARVM SCATVRIGINES.
INVENTAS IN VNVM COLLECTAS LOCVM.
SVBTERRANEO DVCTV PER HVNC TRANSIRE
ARCVM A SE FVNDATUM JUSSIT
AN. MDLXXXV. PONTIFIC. I.

Ainsi l'arc était érigé en 1585, l'année même de l'avénement de Sixte V au trône pontifical, et l'aqueduc n'était achevé qu'en 1587 ; on conçoit facilement, en raison de l'imperfection de l'art du niveleur, à cette époque éloignée, que l'infortuné Matteo da Cavallo ait pu se tromper, sans être aussi négligent que le dit A. Cassio; il est à remarquer que l'erreur n'était pas bien grande, puisque Jean Fontana réunit, aux sources hautes trouvées par lui, les sources basses de Matteo, par un court canal de 2000 pas de longueur.

Aux portes de la ville, la Felice emprunte les arcs d'Hadriana; elle entre à Rome par la porte Saint-Laurent au-dessus de Julia[1]; l'antique Hadriana arrivait donc à la porte Esquiline, à peu près à la même altitude.

Acqua Paola[2]. — Nous avons vu que, de tous les anciens aqueducs, Trajana fut celui qui resta en service le plus longtemps; qu'il fut restauré par Théodoric vers l'an 500, par Bélisaire en 538, par Adrien Ier en 776, par Nicolas Ier en 867. On perd la trace des restaurations dans les siècles suivants : on ne sait quels sont les souverains pontifes qui firent les travaux d'entretien nécessaires pour y maintenir l'eau; mais on a la certitude qu'en 1484, Innocent VIII put alimenter de grandes fontaines sur la place du Vatican[3], et que Trajana seule pouvait fournir l'eau nécessaire.

On sait aussi qu'Alexandre VI restaura, en 1492, la fontaine de Sainte-Marie de Transtevère, qui était tombée en ruines[4].

Enfin, il est démontré, par quatre inscriptions des papes

[1] Photog. nos 28 et 29 de la collection Parker (pl. VII, fig. 2).
[2] Photog. nos 1063, 1064, 1065, 1066 de la collection Parker.
[3] *Fontes in medio S. Petri platea fecit* (*vita pont.*).
[4] ALEXANDER VI P.M. FELICI AUSPICIO JOANNIS LUPI VALENTINIANI
S. MARIÆ TRASTYBERINÆ CARD. PERUSINI FONTEM
VETUSTATE INFORMEM AD COMMODITATEM POPULI
ROMANI RESTITUIT.

(Inscription sur marbre blanc).

Jules II et Pie IV, que Trajana portait encore de l'eau en 1561.

Voici une des trois inscriptions des jardins du Vatican :

Pie IV, souverain Pontife, construisit, pour son usage, et dédia à ses successeurs, dans un bois du palais apostolique, cette place, cette fontaine, ce portique et cet édifice. L'an MDLXI [1].

Trajan alimentait son aqueduc avec les fraîches eaux des sources qui jaillissent au nord du lac Bracciano (autrefois Sabattinus) ; on ne sait pas exactement l'époque où l'on ajouta à ces belles eaux, celles du lac, incomparablement moins agréables. C'est vers l'an 400, du temps de l'empereur Honorius, qu'on commença à donner à l'aqueduc le nom de Sabattina [2]. L'eau des sources était-elle déjà mélangée à l'eau lacustre ? C'est ce qu'il est difficile de dire aujourd'hui. En 626, sous le pontificat d'Honorius Ier, nous voyons que l'eau dérivée du lac Sabattinus est employée à faire tourner un moulin à proximité des murailles de la ville [3]. C'est une date certaine. L'eau des sources de Trajana ne coulait plus seule dans l'aqueduc ; dès cette époque, ce canal se divisait en deux branches ; l'une se dirigeait directement vers le Tibre et traversait le quartier de Transtevère, en faisant marcher des moulins ; l'autre gagnait le quartier du Vatican, dans un tuyau centenaire, c'est-à-dire qui, ramené à la forme circulaire, aurait eu un diamètre de 0m,59 ; cette grosse conduite était l'objet de la convoitise des plombiers, qui ne manquaient pas de dérober le plomb lorsqu'ils le pouvaient. Le pape Adrien Ier trouva ce centenaire à peu près détruit, et le répara entièrement [4].

[1] PIUS IV. PONT. MAX.
HANC IN NEMORE PALATII APOSTOLICI AREAM
PORTICUM. FONTEM. ÆDIFICIUMQUE CONSTRUXIT
USUIQUE SUO ET SUCCEDENTIUM SIBI PONTIFICUM
DEDICAVIT ANNO MDLXI.

[2] Vers la fin du bas-empire, du temps de Constantin, on substituait aussi, au nom de Trajana, les noms de Tuscia ou de Tocia qui ont beaucoup embarrassé les glossateurs.

[3] *Via Aurelia constituit molam in loco Trajani juxta murum civitatis, et formam quæ ducit aquam a Lacu Sabattino, et sub se formam quæ conducit aquam ad Tiberim.* (Liber pont. t. I, p. 246.)

[4] Le Centenaire était un des tuyaux en plomb en usage à Rome. (Voyez page 69.) A. Cassio,

C'est en 1609 que le pape Paul V restaura l'antique aqueduc de Trajan, en augmentant la prise d'eau ouverte sur la rive orientale du lac Bracciano. L'ouvrage romain était alors en ruine. « *Priori Ductu Longissimi temporis injuria plane diruto,* » dit une inscription de l'époque. On ajouta à l'eau des sources 2 000 onces d'eau puisée dans le lac ; en réalité on n'en prit que 1 000; aujourd'hui encore l'aqueduc ne porte que 1 500 onces. Non-seulement le pape fit restaurer cet ouvrage, mais il érigea de belles fontaines au Vatican. Il y fit transporter la vasque magnifique trouvée en 1510 par Jules II, dans les thermes de Titus.

Plusieurs fontaines publiques furent alimentées par l'eau Paola, qui cependant est loin d'être agréable, on l'a vu ci-dessus. Ces fontaines, comme c'est l'usage à Rome, portent des inscriptions qui indiquent leur origine. Quatre de ces inscriptions, qui figurent sur l'aqueduc lui-même, contiennent une singulière erreur. Elles annoncent que l'aqueduc, restauré par le Saint-Père, est l'ancienne Alsietina d'Auguste. Fabretti s'élève violemment contre ces ignorants qui n'eurent pas honte d'afficher en face de l'univers une telle erreur sur un marbre impérissable.

Voici la plus courte de ces inscriptions :

Paul V, excellent et souverain Pontife, restaura, avec une section plus ample, les aqueducs érigés par Auguste César, et détruits par la vétusté, l'an du Seigneur MDCIX, le cinquième de son pontificat[1].

Il est certain en effet que l'aqueduc d'Auguste, le plus bas des

fait ici un singulier contre-sens ; il pense que ce centenarium de Trajana était un aqueduc supporté par 100 arcades. « Era transportata in Roma dentro al condotto composto di cento archi. » (Chap. XLI. p. 373.)

[1] PAULUS V. PONT. OPT. MAX.
AQUÆDUCTUS
AB AUG. CÆS. EXTRUCTOS
ÆVI LONGINQUA VETUSTATE
COLLAPSOS
IN AMPLIOREM FORMAM
RESTITUIT.
ANNO SAL. MDCIX. PONT. V.

Cette inscription est reproduite par la photographie n° 1064 de M. Parker.

canaux romains, ne peut se confondre avec Paola, qui entre à Rome au sommet du Janicule, et qui de plus est porté sur de hautes arcades dont Alsietina était totalement dépourvue. L'origine des deux eaux est d'ailleurs bien connue; l'une sort du (petit lac Martignana Alsietinus), l'autre du vaste lac Sabatinus (Bracciano).

La Paola débouche à Rome à l'altitude 71^{m},16. (Nivellement de M. Blumensthil.)

La longueur de l'aqueduc est de 35 milles, dont, suivant Fabretti, 11 en arcades; il porte 1500 onces d'eau de 20217 litres, soit 30326 mètres cubes par vingt-quatre heures [1].

Acqua Pia. — Le souverain Pontife régnant, Pie IX, s'est proposé, il y a quelques années, de conduire à Rome l'antique Marcia. Ce grand travail a été entrepris par une compagnie qui porte le nom de *Società anonima dell' acqua Pia*, la nouvelle eau portant, suivant l'usage, le nom du pape régnant.

J'ai dit comment le directeur des travaux, le colonel Blumensthil, avait retrouvé les sources de cette eau célèbre [2].

Il était certain, d'après le récit de Frontin, que la source ou les sources de Marcia étaient comprises dans les six grandes sources qui jaillissent au bord de l'Anio, à l'aval d'Agosta, et qui portent les noms modernes d'Acqua Santa, lac de Sainte-Lucie, 1re, 2e et 3e Sereines et Rosolina. M. Blumensthil choisit celle de ces eaux qui avait le plus de réputation dans le pays, la 2e Sereine, fit faire des fouilles dans le voisinage, et trouva l'aqueduc Marcia presque intact avec son appareil et ses dimensions connues [3]. C'est donc la 2e Sereine qui a été choisie; sa portée est de 4000 onces ou de 80868 mètres cubes par vingt-quatre heures.

[1] La collection Parker contient quatre photographies de Trajana; savoir : n°s 1063, 1064, 1065, 1066.

[2] Voir page 43.

[3] Héliogravure, I.

Celle de tout le groupe de sources est de 20 000 onces ou de 404 340 mètres cubes d'eau par vingt-quatre heures; il est rare de trouver un ensemble de sources aussi abondantes et d'excellente qualité; ces eaux sont cependant un peu dures; le titre hydrotimétrique de la 2e Sereine est 28°; elle est incrustante, elle formera des dépôts de carbonate de chaux dans les conduites, mais elle n'en est pas moins excellente à boire et propre à tous les usages domestiques.

L'altitude de la source est 317 mètres, celle du point d'arrivée à Rome est de 80 mètres; on avait donc une différence de niveau de 237 mètres pour un aqueduc qui n'a que 52 500 mètres de longueur, soit une pente kilométrique de 4m,51, évidemment beaucoup plus grande qu'il n'est nécessaire.

L'aqueduc est achevé aujourd'hui : il est construit en maçonnerie depuis les sources jusqu'à Tivoli, sur une longueur de 26 kilomètres, et en conduite forcée, entre Tivoli et Rome, sur 26 500 mètres; sa section est variable; il a au minimum 1m,90 de hauteur sous clef et 0m,80 de largeur; pour débiter 80 000 mètres cubes d'eau par 24 heures, la vitesse dans les sections réduites sera de 0m,70 par seconde.

La longueur des souterrains est considérable, de 13 kilomètres sur 26. Les arcades ont aussi un grand développement. Les ponts et autres ouvrages d'art sont nombreux; en somme l'ensemble de ces travaux est remarquable et fait honneur à la compagnie qui les a entrepris et aux ingénieurs qui les ont conçus et dirigés.

Le grand siphon, qui s'étend de Tivoli à Rome, est composé de tuyaux en fonte de 0m,60 dont la charge est au maximum de 100 mètres; l'épaisseur de fonte est de 0m,018; la longueur des tuyaux de 3m,65. Ces tuyaux sont assemblés à emboîtement et cordon; les joints sont en corde goudronnée avec bague de plomb fondu et maté; la vitesse de l'eau est de 1m,25. On n'a encore posé qu'une seule conduite; la vitesse de l'eau étant de 1m,25 par seconde et la section du vide du tuyau de 0m,28, la quantité d'eau débitée sera de $0,28 \times 1,25 = 0^{m},350$ par seconde ou de 30240 mètres par 24 heures.

On ne débite donc pas la moitié de la portée de la deuxième Sereine ; ce bel aqueduc a été mis en service peu de jours avant l'occupation de Rome par l'armée italienne et l'investissement de Paris par les Allemands. Le point d'arrivée est à l'altitude de 80 mètres, au carrefour des rues de Macao et de Porta-Pia.

Je terminerai ce chapitre sur les aqueducs modernes de Rome par quelques indications sur les jauges et le mode de construction de ces aqueducs.

L'once de Trévi est de 40435 litres par 24 heures.

L'once de Felice et de Paola est de 20217 litres ; cependant lorsqu'on dit que la Vergine débite 3000 onces, on entend, suivant M. Blumensthil, que c'est 3000 onces de 20217 litres.

Les eaux de Rome sont vendues à perpétuité, l'usager en jouit comme d'une propriété ordinaire ; l'eau coule jour et nuit par l'orifice de distribution.

L'once se vend 1000 piastres romaines (4962 fr. 50), par conséquent, à volume égal ; le prix de l'eau de la Felice et de la Paola est double de celui de la Vergine. Celle-ci est cependant plus réputée que les autres, mais sa basse altitude limite beaucoup les points où elle peut être distribuée ; l'anomalie n'est donc qu'apparente, le niveau élevé des réservoirs de la Paola et de la Felice permettant de les conduire partout.

Comme celles des aqueducs antiques, les eaux de Rome moderne se distribuent par des châteaux d'eau ou cuvettes de distribution, d'où partent les conduites des usagers ; aussi la longueur des conduites publiques n'est que de 22000 mètres environ ; en somme les trois aqueducs modernes de Rome donnent :

La Vergine.	3000 onces.
La Felice.	1100 —
La Paola.	1500 —
Total.	5600 onces [1].

[1] 113215 mètres cubes par 24 heures. (Renseignements donnés par M. Blumensthil.)

La population étant de 200 000 habitants, la distribution journalière est de 566 litres par tête ; dans les années très-sèches ce volume est diminué de 1/4 environ[1]. Bien peu de villes sont aussi richement dotées. Mais la répartition est mauvaise; près de la moitié des eaux de la Vergine et de la Paola est employée à faire marcher des moulins. Les trois quarts des maisons environ reçoivent l'eau dans les cours par écoulement continu. Les conduites privées sont en plomb ou en terre cuite.

Il n'y a pas de service d'assainissement ; les ruisseaux ne sont pas lavés, ni les rues arrosées. En somme, il n'y a rien de changé dans Rome moderne; les aqueducs et la distribution sont établis exactement sur le plan des aqueducs et de la distribution antique.

Pia seule fera exception ; déjà l'immense siphon de Tivoli est une innovation moderne, une imitation de nos siphons de la Dhuis ; la distribution, nous l'espérons, sera établie sur le plan de celles de Paris ou de Londres : on n'aliénera pas la propriété des eaux et on créera des services publics. Lorsque les 80 868 mètres cubes de la deuxième Sereine seront distribués, le volume d'eau réparti par tête aura presque doublé : il s'élèvera à 970 litres.

Les aqueducs modernes de Rome sont construits d'après les mêmes principes que les anciens ; ils se composent d'un radier en maçonnerie, de deux pieds-droits et d'une voûte en plein cintre, reposant sur ces pieds-droits. Les dimensions des maçonneries sont telles, que l'ouvrage est stable par lui-même, c'est-à-dire, qu'il resterait debout quand même on lui retirerait l'appui des terres qui l'entourent. Tels étaient aussi les aqueducs et les égouts de Paris avant ces dernières années. A Rome, ce système est parfaitement rationnel : le prix des maçonneries est tellement bas, qu'il serait absurde de faire des économies sur les épaisseurs des voûtes et de leurs pieds-droits. Autant que j'ai pu en juger, en parcourant les lieux en touriste, les aqueducs sont construits

[1] Renseignements officiels donnés par l'ambassade de France à M. Faugères, directeur au ministère des affaires étrangères.

dans des terrains solides et secs, l'action exercée contre les pieds-droits par les terres est sensiblement nulle. Il n'y a donc aucune raison pour adopter l'aqueduc ou l'égout à type ovoïde à paroi mince formant voûte complète et disposé pour résister à la poussée des terres. Ce type admis à Paris, par mesure d'économie et dans certaines argiles, dont la poussée est considérable, ne serait pas rationnel à Rome.

CHAPITRE XI

DES LATRINES ET DES ÉGOUTS

Latrines. — Existait-il des latrines à Rome ? Les avis sont très-partagés sur cette question ; voici ce qu'en dit Parent-Duchâtelet :

« On comprendra l'utilité et l'importance de ces travaux (des égouts), dans une ville aussi étendue et aussi populeuse que Rome, et sous le ciel de l'Italie, lorsqu'on saura qu'il n'existait pas de latrines dans les maisons particulières, que les rues de la ville étaient étroites et tortueuses, et que les esclaves des gens riches étaient chargés d'aller jeter tous les matins, les ordures et le produit des déjections, dans les cent quarante-quatre latrines publiques qui se rendaient aux égouts, ce que les pauvres et ceux qui n'avaient pas d'esclaves jetaient à la porte de leurs maisons. »

Contrairement à ce passage de Parent-Duchâtelet[1], M. Maxime Paulet prétend qu'il y avait des latrines dans les maisons des

[1] M. Maxime Paulet dit que le nombre des latrines publiques était de 44. On vient de voir que, suivant Parent-Duchâtelet, ce nombre était de 144. Entre ces deux opinions, il n'y a peut-être qu'une faute d'impression, fautes trop fréquentes, lorsque dans un texte, on écrit un nombre en chiffres, au lieu de l'imprimer en toutes lettres.

riches ; il cite le témoignage de Varron : « Latrines, dit-il, vient du verbe laver, et c'est dans ce lieu qu'affluent toutes les immondices produites par les habitants d'une maison. »

Suivant le même auteur, il y avait des latrines dans le palais des empereurs ; c'est même dans un lieu semblable que le corps d'Héliogabale fut jeté par les soldats. On a trouvé, sur le mont Palatin, les ruines de latrines en marbre avec des indices du passage des eaux qui servaient à les nettoyer.

Je traduis librement un passage d'un savant commentateur de Vitruve, qui paraît plus favorable à l'opinion de Parent-Duchâtelet qu'à celle de M. M. Paulet :

« Sextus Rufus, que quelques auteurs appellent faussement Victor, dit que les latrines étaient des lieux publics où les hommes de petite fortune pouvaient satisfaire leurs besoins pendant le jour ; et si ma mémoire est bonne il est même expliqué, dans une lettre de Senèque, que des éponges y étaient suspendues : *quibus anum abstergerent*. Pendant la nuit on était libre de se soulager dans les eaux courantes.

« Il était facile aux riches d'user de vases que les esclaves vidaient dans les égouts particuliers, ou dans les trop-pleins des châteaux d'eau, d'où les matières étaient entraînées d'égout en égout jusqu'au Tibre ; mais jamais et avec raison, ils n'ont construit de latrines privées ; nous au contraire nous creusons les fosses de nos latrines à côté de nos chambres et nous nous exposons à être asphyxiés dans nos lits, par les odeurs méphitique qui s'en exhalent. »

Cette opinion d'un auteur du seizième siècle, Guillaume Philandre, semble fort plausible au premier abord.

Les Romains n'étaient guère plus avancés en industrie que nos aïeux, et les privés à l'anglaise, avec effet d'eau et fermeture hermétique, sont une invention toute moderne que les anciens ne connaissaient certainement pas. Il ne serait donc pas étonnant que les patriciens romains, pour ne point infecter leurs riches demeures par les trous béants des latrines, eussent pris l'habitude de faire porter par des esclaves les déjections humaines le plus loin possible, non pas, peut-être, dans un petit nombre de latrines publiques, comme le dit Parent-Duchâtelet, mais dans l'égout particulier de la maison où il y avait toujours un courant d'eau suffisant.

Cependant, avant d'arrêter mon opinion sur ce point, j'ai consulté un savant napolitain, M. de Luca, qui a fait de nombreuses recherches sur les antiquités de Pompéies. Voici ce qu'il me répond :

« Presque toutes les maisons de Pompéies étaient pourvues de latrines placées toujours près de la cuisine et jamais ailleurs. Cette habitude n'est pas changée à Naples et aux environs, où toutes les anciennes maisons et plusieurs nouvellement construites ont aussi leurs latrines près de la cuisine. »

M. de Luca pense que les matières tombaient dans des fosses, dont il existe de nombreux spécimens à Pompéies, mais il ne sait si ces fosses communiquaient aux égouts, parce que le sous-sol des rues n'a pas été fouillé.

Il est probable que la capitale de l'empire était aussi bien partagée que les villes de province. Contrairement à l'opinion de Parent-Duchâtelet et de Philandre, il faut admettre qu'à Rome comme à Pompéies, il existait des latrines près des cuisines de la plupart des maisons riches. C'était sans doute dans ces réduits, destinés à la domesticité, que les esclaves portaient les déjections de leurs maîtres. Mais il est probable que le bas peuple jetait ses ordures sur la voie publique, comme cela a encore lieu dans beaucoup de villes du Midi.

Des égouts. — Le plus ancien égout de Rome et probablement du monde est la *Cloaca maxima*, construite par Tarquin l'Ancien.

Cette galerie fut ouverte, paraît-il, pour dessécher les marais du Vélabre, que les inondations du Tibre envahissaient et qui étaient fort insalubres.

Sa longueur est de 600 mètres et, d'après des renseignements qui me parviennent de Rome, elle a 4 mètres de largeur et autant de hauteur.

C'était, à l'époque où elle fut construite, un tour de force d'ingénieur, presqu'une extravagance, l'œuvre d'un tyran peu soucieux de la vie des hommes :

« Plusieurs travailleurs rebutés se donnèrent la mort ; le monarque imagina alors, pour prévenir des suicides trop fréquents, un moyen singulier, dont ni avant ni après on ne retrouve d'exemple ; il fit mettre publiquement en croix le corps des suicidés, puis les laissa exposés aux bêtes féroces et aux oiseaux de proie.....

On dit que Tarquin donna à la voie souterraine la largeur d'une charrette amplement chargée de foin[1]. »

L'idée de régler les dimensions d'un égout, d'après la largeur d'une charrette chargée de foin, est certainement très-extraordinaire.

Pline ajoute que les Tarquins construisirent encore d'autres égouts pour l'assainissement de la ville.

Les censeurs Caton et V. Flacus furent, après l'expulsion des rois, ceux qui s'occupèrent le plus particulièrement du développement des égouts. Mais c'est surtout sous le règne d'Auguste que ces utiles travaux prirent une grande extension. « M. Agrippa, dit Parent-Duchâtelet, ne se contenta pas de nettoyer et de réparer les anciens égouts, il en fit construire une multitude d'autres sous toutes les rues et les édifices. »

Il ne faut pas croire cependant que l'état de salubrité de la ville fut très-satisfaisant; bien loin de là. La négligence de l'administration n'était pas moins remarquable dans le service des égouts que dans celui des eaux :

« Dans les premiers temps, les égouts s'engorgeaient souvent et répandaient partout l'infection, puisque nous voyons, par un

[1] Pline le Naturaliste, liv. XXVI, chap. XXIV. (Traduction de M. Ajasson de Grandsagne.)

passage de Denis d'Halicarnasse, que pour rétablir dans les égouts le passage des eaux interrompu, les censeurs demandèrent un jour la somme de 1 000 talents.

« Devons-nous attribuer à l'infection occasionnée par la négligence et l'encombrement des égouts les maladies épidémiques qui, au rapport des historiens, ravagèrent la ville de Rome à tant d'époques différentes? Je ne saurais l'affirmer.... »

(Parent-Duchatelet.)

Une ordonnance citée par Frontin attribuait une partie des eaux caduques au nettoiement des égouts :

« Je veux que personne ne dérive une eau caduque s'il n'en a obtenu l'autorisation spéciale de moi ou des princes mes prédécesseurs. Car il faut qu'une partie des eaux surabondantes des châteaux d'eau soit utilisée, non-seulement pour la salubrité de notre ville mais encore pour laver les égouts [1]. »

Mode d'écoulement des eaux sur la voie publique. — Malgré cela, l'état de salubrité de la ville laissait beaucoup à désirer.

Frontin considère comme un des bienfaits du règne de Nerva l'amélioration de cette importante partie de l'administration municipale :

« Les eaux surabondantes ne sont plus inutiles; l'état sanitaire est déjà changé, l'air plus pur. Les causes de ce mauvais air, de cet air infâme de la ville de nos pères sont détruites [2].

« Ce passage, dit Parent-Duchâtelet, est des plus remarquable; il donne une idée précise et exacte de l'état de Rome ancienne relativement à la salubrité et à l'état de l'air; et, comme cette ordonnance est l'expression de magistrats chargés particulière-

[1] *Caducam neminem volo ducere, nisi qui meo beneficio, aut priorum principum habent; nam necesse est ex castellis aliquam partem aquæ effluere, cum hoc pertineat, non solum ad urbis nostræ salubritatem, sed etiam ad utilitatem cloacarum abluendarum.* (Frontin, chap. cxi.)

[2] *Caussæ gravioris cœli, quibus apud veteres urbis infamis aer fuit, sunt remota.* (Frontin, chap. lxxxvi.)

ment de la netteté et de la salubrité de la ville, elle est sous ce rapport plus précieuse que tout ce que les historiens ont rapporté à ce sujet. »

Il est probable que l'état de malpropreté des rues était tel que d'abondantes ablutions étaient absolument nécessaires. C'est ainsi sans doute qu'on employait les eaux caduques *ad urbis nostræ salubritatem*, comme dit l'ordonnance des empereurs, et que du temps de Nerva, on tirait parti des eaux autrefois perdues.

Il serait très-intéressant de savoir comment les rues étaient disposées pour favoriser ces lavages à grande eau. Mais les lambeaux de rues de la Rome antique, qui subsistent encore, sont trop courts pour qu'il soit possible de former aucune conjecture sur les dispositions d'ensemble. D'ailleurs des modifications importantes ont dû y être apportées dans les derniers temps du règne des empereurs.

Voici les très-intéressants détails, sur la disposition des rues de Pompéies, qui m'ont été donnés par de M. de Luca :

« Les eaux ménagères s'écoulaient directement dans la rue ; il paraît qu'on lavait les voies principales au moyen d'un abondant courant d'eau ; on y remarque encore de grosses pierres, solidement fixées en ligne droite et à la distance d'un pas moyen d'homme pour franchir le courant. »

Il est probable que ce mode de lavage des rues était alors généralement adopté dans toutes les villes. Il fonctionne encore à Sens, ville d'origine romaine ; on y voit notamment les pierres saillantes scellées dans le pavé de la rue, à travers le courant.

Ces lavages devaient, du reste, être très-incommodes et seraient absolument intolérables dans nos grandes villes modernes ; les piétons ne supporteraient pas les éclaboussures des voitures circulant à grande vitesse dans un large courant d'eau. Mais on sait que la circulation des voitures n'était pas considérable dans les villes anciennes.

Comment les eaux de la voie publique pénétraient-elles dans

les égouts de Rome? C'est un point sur lequel nous sommes fort mal renseignés.

Aujourd'hui, dans les grandes villes modernes, il y a une bouche d'égout aux points bas de chaque îlot de maisons ; de sorte que les eaux pluviales ont au plus à parcourir, à ciel ouvert, le périmètre de l'îlot avant d'être absorbées souterrainement.

Mais cette ingénieuse disposition est toute moderne. A Paris, il y a 40 ans, les eaux pluviales passaient, par des cassis, d'un îlot à l'autre, pour se rendre aux points bas de la ville. Là, elles s'engouffraient dans d'immenses bouches d'égout qui répandaient l'infection dans tout le voisinage.

A la moindre pluie toutes les déclivités des rues étaient converties en torrents. Il est bien probable qu'il en était de même à Rome et cet air infâme, dont parle Frontin, provenait sans doute en grande partie des bouches d'égout.

J'ai vu, dans la collection de gravures de M. Gailhabaud, la disposition d'une bouche d'égout de Pompéies; elle est située au fond d'un cul-de-sac et formée de deux ouvertures d'une grande dimension séparées par une cloison en maçonnerie. Elles ont la plus grande analogie avec les bouches si fétides qu'on remarquait encore à Paris dans le premier tiers du dix-neuvième siècle.

Curage des égouts. — Ceci me conduit naturellement à examiner comment les égouts étaient nettoyés et entretenus ; sur ce point malheureusement les renseignements nous manquent complétement. Les historiens, on le comprend, ne se sont guère préoccupés de cette question, qui cependant se lie si intimement à la salubrité des villes.

On connaît le personnel qui était employé à ce genre de travaux par une lettre de Trajan à Pline le Jeune.

Après lui avoir rappelé qu'il a été chargé de son gouvernement (de la province de Bithynie), pour y réprimer de nombreux abus et notamment pour faire exécuter les sentences prononcées contre les grands criminels, il ajoute : « S'il s'en trouve d'anciennement jugés, des vieillards dont la condamnation remonte à plus de dix ans, chargeons-les de travaux qui aient quelque analogie avec la peine qu'ils devaient subir. Ordinairement ces criminels sont employés à l'entretien des bains, *au nettoiement des égouts* et *aux corvées sur les chemins et les rues*[1].

J'ai vu encore, il y a trente-cinq ans, dans les villes d'Italie, les forçats employés à des travaux de ce genre ; ils étaient, enchaînés deux à deux, occupés au nettoiement des rues.

En général, ce système de nettoiement donne de très-mauvais résultats. Pour qu'un travail soit bien fait, il faut, comme on dit, que les ouvriers aient le cœur à l'ouvrage, qu'ils y mettent de l'amour-propre. Or on ne peut rien attendre de semblable de criminels condamnés à des travaux dont la surveillance minutieuse est impossible.

Il n'est donc pas surprenant que les égouts de Rome fussent de véritables foyers d'infection et d'émanations pestilentielles.

Les Romains avaient une telle crainte de ces émanations, qu'ils avaient leurs déesses méphitine et cloacine « auxquelles, dit Parent-Duchâtelet, ils adressaient des vœux pour éloigner les accidents occasionnés par les émanations putrides, comme ils en adressaient à la fièvre, qu'ils avaient également divinisée. »

Opinion des anciens sur les égouts de Rome. — Les anciens admiraient beaucoup les égouts de Rome. Parent-Duchâtelet cite l'opinion de Cassiodore, de Denis d'Halicarnasse et de Tite-Live. J'ai cité le passage de Strabon où les travaux publics des Romains étaient mis en parallèle avec ceux des Grecs[2].

Pline le Naturaliste fait un éloge vraiment magnifique de

[1] *Si qui vetustiores invenientur, et senes, ante annos decem damnati, distribuamus illos in ea ministeria, quæ non longe a Pœna sint. Solent enim ejus modi ad Balineum, ad Purgationes cloacarum, item munitiones viarum et vicorum dari.* (PLINE LE JEUNE, liv. X, lettre XLI.)

[2] Voir page 14.

l'œuvre des Tarquins. Il classe les égouts parmi les dix-huit monuments de Rome les plus dignes d'admiration.

« Nos ancêtres admiraient, en outre, les égouts, les plus remarquables des travaux dont on puisse parler, qui percent les montagnes et qui ont été parcourus par des barques, sous la ville, suspendue comme Thèbes.

« Le courant des sept aqueducs d'Agrippa, grossi par les pluies, y entraîne toutes les immondices. Souvent l'eau du fleuve est refoulée dans l'égout ; une lutte s'engage entre les deux courants, et cependant la robuste construction résiste ; des masses énormes, entraînées par les flots, passent entre ses murs sans les ébranler. Les maisons, ruinées par la vétusté ou les incendies, s'écroulent sur ses voûtes, les tremblements de terre ébranlent le sol, et l'œuvre de Tarquin l'Ancien reste debout depuis bientôt 700 ans [1]. »

Voici ce qu'on lit dans Denis d'Halicarnasse :

« Tarquin creusa aussi des égouts, c'est-à-dire des galeries par lesquelles s'écoulaient, dans le Tibre, toutes les eaux des voies publiques, ouvrages admirables, plus grands qu'on ne saurait le dire. Je classe parmi les plus magnifiques monuments de Rome, parmi ceux qui donnent la plus haute idée de la puissance de l'Empire, les aqueducs, les voies pavées et les égouts [2]. »

[1] *Aliquando Tiberis retro infusi recipiunt fluctus, pugnantque diversi aquarum impetus intus : et tamen obnixa firmitas resistit. Trahuntur moles internæ tantæ, non succumbentibus causis operis : pulsant ruinæ sponte precipites, aut impactæ incendiis : quatitur solum terræ motibus ; durant tamen a Tarquinio Prisco, annis prope septingentis inexpugnabiles.* (PLINE, liv. XXXVI, chap. XXIV.)

[2] Denys d'Halicarnasse, *Antiquités romaines*, liv. III, chap. LXVII. Ed. Reiske, page 581.

CATALOGUE

DES

PHOTOGRAPHIES DES AQUEDUCS DE ROME

DE LA COLLECTION PARKER

Je crois devoir terminer cette étude des aqueducs de Rome par le catalogue des photographies de M. Parker.

Les courtes annotations qui correspondent à ces pièces complètent la description des aqueducs, donnée ci-dessus. Ce catalogue sera, d'ailleurs, d'une grande utilité pour ceux qui voudront étudier sur place les ruines de ces monuments.

21. Arc d'Auguste, à la porte Tiburtine aujourd'hui de Saint-Laurent, avec les aqueducs au-dessus.
25. Château d'eau de Tepula, reconstruit par Trajan, appelé improprement la maison de Cicéron, construit sur l'Agger et engagé dans le mur, avec des corbeaux.
26. Intérieur du château d'eau de Tepula, avec les ruines des maisons sur l'Agger.
28. Aqueducs XIII et XV : Alexandre Sévère (230 ans après Jésus-Christ), et Acqua Felice (Sixte-Quint, 1590 ans après Jésus-Christ), extérieur, près de la porte Majeure.
29. Intérieur des aqueducs d'Alexandre Sévère et de la Felice, près de la porte Majeure, avec le chemin de fer traversant le mur.
31. Porte Majeure, prise du nord. A gauche Claudia surmonté par Anio Novus, et à droite Marcia, Tepula et Julia passant au-dessus de la culée d'une arche construite dans le mur d'enceinte.

59. Aqueducs III. Pile de l'arcade, construite dans le mur, avec la galerie de Marcia (145 ans avant Jésus-Christ). — IV. Tepula (126 ans avant Jésus-Christ). — V. Julia (24 ans avant Jésus-Christ).

60. Aqueducs III, IV, V. Galeries de Marcia, de Tepula et de Julia, à l'intérieur de la porte Majeure.

61. Aqueduc V. Château d'eau de Julia (24 ans avant Jésus-Christ), reconstruit par Alexandre Sévère (225 ans après Jésus-Christ).

62. Aqueduc VIII. Claudia (50 ans après Jésus-Christ), arches en pierres, remplies avec de la brique, par Néron (?) ou Trajan (?).

63. Aqueduc VIII. Claudia (50 ans après Jésus-Christ), arcades dégarnies de leurs parements, par Sixte-Quint (1590 ans après Jésus-Christ).

65. Aqueduc VIII. Claudia, et IX. Anio Novus, dans la partie supérieure. Murs très-détériorés.

66. Aqueduc VIII. Claudia : double arcade, arches de Néron (60 ans après Jésus-Christ), près la porte Majeure.

68. Claudia et la Felice, à la porta Furba.

69. Aqueducs III. Marcia (145 ans avant Jésus-Christ), avec les restes de Tepula et de Julia, au-dessus, dans le mur, près de la porte S. Lorenzo (2 ans après Jésus-Christ).

70. Aqueducs VIII. Château d'eau de Claudia, à sa jonction avec le mur de la ville, reconstruit par Bélisaire (?).

72. Aqueducs VIII. Arche de Dolabelle (1 an après Jésus-Christ); au-dessus, château d'eau de l'aqueduc de Néron (60 ans après Jésus-Christ), près l'église de Saint-Thomas.

73. Aqueducs XI et XII. Galerie de Septime Sévère et de Caracalla, au-dessus de l'arche de Drusus (200 et 210 ans après Jésus-Christ).

74 et 75. Aqueducs VIII. Claudia, dans la campagne, près la porte Furba, à 2 milles de Rome.

76. Aqueduc IX. Néron, arcades près la porte Majeure.

77. Aqueducs VIII et IX. Claudia et Néron, château d'eau près la porte Majeure, après les jardins Palantanianos (Sessorii).

78. Arcades de Néron sur le Cœlius, près S. Stefano (Saint-Étienne) Rotondo.

79. Arcade de Trajan, branche de l'aqueduc de Néron, sur l'Aventin, près S. Prisca.

80. Aqueducs XIII. Alexandre Sévère, et XV. Sixte-Quint (Felice), près la porte Majeure, extérieur du mur; intérieur.

81. Aqueducs XIII. Alexandre Sévère, et XV. Sixte-Quint (Felice), près la porte S. Lorenzo.

82. Aqueduc VI. La Vergine, près la fontaine de Trevi, avec l'inscription rappelant les restaurations faites par Claudius.

83. Aqueduc VI. La Vergine, près la fontaine de Trevi, sur la voie du Mazarino.

116. Palatin. Vue du côté méridional, avec les arches de l'aqueduc de Néron.

131. Cœlius. Arcade de l'aqueduc de Néron, montrant le mode de construction.

305. Aqueduc IX. Néron du côté du Clivus Scauri, sur le Cœlius, à l'opposé de l'église de Saint-Jean et de Saint-Paul.

357. Aqueduc de Néron. Arches sur le Cœlius, montrant le mode de construction (60 ans après Jésus-Christ).

358. Arcs Néroniens. Détails d'une arche, montrant le mode de construction intérieure.

398 A. S. Croce. Château d'eau des thermes de Sainte-Hélène, dans les jardins du palais Sessorien (extérieur).

398 B. S. Croce. Château d'eau de Claudia (50 ans après Jésus-Christ), dans les jardins du palais Sessorien.

528. Tour Fiscale, à la rencontre de six aqueducs, côté occidental.

529. Tour Fiscale, côté oriental.

330. Tour Fiscale. Détails montrant le croisement des six aqueducs, l'un au-dessus de l'autre.

531. Tour Fiscale. Vue prise de l'ouest, montrant la Felice.

537. Temple ou Panthéon de Minerva Medica.

538. Château d'eau, près la Minerva Medica et la porte Majeure (d'Appia et de Marcia).

539. Galerie ou Nympheum d'Alexandre Sévère, construit dans la muraille de la ville, près de la porte de Saint-Sébastien.

540. Regard ou Ventilateur de la Felice, dans le Trastevere.

541. Ventilateur près la porte Majeure, avec la trace inclinée des conduits en briques allant de l'Anio Novus à la galerie souterraine.

542 et 543. Arcades de Claudia, près la porte Majeure et les jardins du Sessorium.

544. Restes d'un château d'eau dans les jardins du palais Sessorien, construit contre l'arcade de Claudia.

546. Château d'eau de Sainte-Hélène, dans les jardins du palais Sessorien, maintenant S. Croce.

547. Château d'eau de Claudia, dans les jardins du palais Sessorien, maintenant S. Croce, à son point de jonction avec les murs.

548. Château d'eau de Claudia, à la porta Furba, à 2 milles de Rome environ.

549. Aqueducs VIII et IX. — Claudia, avec les réparations faites par Néron près la porta Furba.

550. Ligne de l'aqueduc de Claudia, pris à la porta Furba.

551. Pile de l'arcade de Marcia, près la porta Furba.

552. Arche des aqueducs Claudia et Marcia, près la porta Furba.

553. Château d'eau du premier siècle, près le mausolée de Sainte-Hélène (intérieur).

554. Château d'eau du premier siècle, près le mausolée de Sainte-Hélène (extérieur).
556. Arcade de l'aqueduc de Néron et Trajan, montrant le mode de construction.
557. Piscine publique. Vue des ruines, avec maçonnerie en briques du premier siècle.
558. Piscine publique. Vue montrant sept chambres.
559. Château d'eau de Trajan, sur la colline de Cœlius, près la porte Capena.
689. Plan et coupe de la Tour Fiscale, à la rencontre et au croisement de six aqueducs, à 3 milles de Rome (d'après un dessin).
690. Portion de la Cloaca Maxima, près l'arc de Janus, avec la galerie de la fontaine de Juturne ou eau argentine, au dessus (d'après un dessin).
691. Coupe de la vieille galerie d'Appia, à côté des arcades de Néron, sur le Cœlius (d'après un dessin).

Nota. — Les contre-forts des piles des arcades passent par-dessus cette vieille galerie.

704. Coupe d'un château d'eau de l'acqua Felice, derrière la fontaine des Termini, dans les thermes de Dioclétien (d'après un dessin).
759. Arche de Néron et galerie de l'aqueduc, près de Latran.
854. Deux galeries dans l'Agger, près le Latran.
860. Source de Virgo, avec réservoir, près Salone.
861. Réservoir à la source de Virgo, près Salone.
862. Autres source et réservoir de Virgo.
863. Origine de la conduite de Virgo.
864. Autre château d'eau à l'origine de Virgo.
865. Latomiæ ou carrières de pierres et nécropole de Callotia (?), à l'origine d'Appia, près Rustica.
866. Latomiæ ou carrières de pierres et nécropole de Callotia (?), près de l'origine d'Appia.
867. Latomiæ ou carrières de pierres et nécropole de Callotia (?), près de l'origine d'Appia.
868. Galerie d'aqueduc dans le mur de Rome, près l'amphithéâtre Castrense.
869. Restes d'un château d'eau, près la porte S. Lorenzo.
870. Galerie d'aqueduc, sous le mur nord du camp Prétorien. Maçonnerie réticulée, sous le mur en briques de Titus.
871. Restes d'un château d'eau, près la porte Nomentana.
874. Fouilles dans un château d'eau, entre la porte Majeure et S. Croce (avril 1868).
883. Galerie d'aqueduc, entre la porte Majeure et la porte Latine.
884. Galerie d'aqueduc, près la porte Latine.

889. Partie de la galerie d'Appia, sous l'Aventin (d'après un dessin, par F. Cicconetti).

890. Vieille galerie pour les aqueducs, dans le Cœlius (d'après un dessin, par F. Cicconetti).

896. Réservoir à 3 milles de Rome, près la tour Fiscale, avec maçonnerie en briques du temps de Trajan (?), au-dessous du niveau de Marcia.

926. Thermes du Gordiani (?). Château d'eau des aqueducs du premier siècle.

927. Thermes du Gordiani (?). Détails de la construction d'un château d'eau du premier siècle.

930. Thermes du Gordiani. Château d'eau (240 ans après Jésus-Christ).

931. Thermes du Gordiani. Mode de construction des murs du château d'eau.

935. Thermes du Gordiani. Restes d'un autre château d'eau (10 ans après Jésus-Christ).

944. Thermes du Gordiani. Château d'eau (240 ans après Jésus-Christ).

950. Mode de construction. Maçonnerie particulière (*opus reticulatum*) dans un mur, près Tivoli.

963. Château d'eau et conduites de Julia, sur l'Esquilin.

964. Château d'eau et conduites de Julia.

967. Restes d'un château d'eau, au nord de la porte Majeure, contre l'intérieur du mur, à l'extrémité de Claudia.

968. Tour contre l'angle extérieur du mur de Rome, au nord de la porte Majeure, contenant le dernier château d'eau de Claudia (extérieur).

969. Restes d'un château d'eau, à l'extérieur du mur, entre l'amphithéâtre Castrense et la porte Asinaria.

970. Restes d'un autre château d'eau, à la dixième tour, à l'ouest de l'amphithéâtre.

981. Aqueduc du temps de Sylla, sous le mur nord du camp Prétorien (extérieur).

982. Galerie sous le mur du camp Prétorien, à l'est, près du coin nord-est (extérieur).

983. Château d'eau en dehors du mur de Rome, à l'angle, près la porte Metronia.

984. Restes d'un château d'eau, sur la gauche ou au sud de la porte Latina.

985. Restes d'un château d'eau, à la porte Latina, au nord ou du côté droit (extérieur).

986. Galerie d'un aqueduc, dans l'intérieur du mur, à la porte Ardentine, côté nord-est.

1002. Arcades de Claudia (pierre de taille), à 5 milles de Rome, à Roma Vecchia. Au-dessus Anio Novus (briques).

1003. Claudia (pierre de taille) et Anio Novus (briques), à 5 milles de Rome.

1004. Claudia et Anio Novus, à 5 milles de Rome.

1005. Arches en briques de Claudia, dégarnies de parements, probablement par le pape Sixte-Quint (Felice Perretti), à 5 milles de Rome.

1006. Galerie de Marcia, Tepula et Julia, à 5 milles de Rome, à Roma Vecchia.

1008. Aqueduc de Trajan. Réservoir sur le Cœlius, près la porte Capène, dans le vignoble des moines de Saint-Grégoire.

1009. Aqueduc de Trajan. Château d'eau sur le Cœlius, vue de côté.

1010. Aqueduc de Trajan. Marches dans le réservoir, sur le Cœlius.

1011. Réservoir et aqueduc de Trajan, sur la pente occidentale du Cœlius, près la porte Capena, dans le vignoble des moines de Saint-Grégoire.

1028. Réservoir à 3 milles de Rome, au-dessous de Marcia et de la Felice, près la tour Fiscale.

1029. Réservoir à 3 milles de Rome, sous Marcia, vu par-dessus, près la tour Fiscale.

1052. Vallée Degli Arci près de Tivoli. Arcades d'Anio Novus. Tour Medieval au-dessus.

1053. Arcades de Marcia et Claudia, à Tivoli.

1054. Marcia, Anio Vetus et Claudia, à Tivoli.

1063. Galerie de Trajana (100 ans après Jésus Christ) ; Sabatina et Ascaltina, au delà du Tibre, près la villa Pamphili-Doria.

1064. Paola et Trajana, près la villa Pamphili-Doria.

1065. Galerie de Trajana, sur arcades, près la villa Pamphili-Doria.

1066. Galerie et pile de Trajana, élévation avec maçonnerie réticulée (100 ans après Jésus-Christ).

1100. Fouilles (1868) dans le vignoble des moines de Saint-Grégoire, près la porte.

1108. Galerie de l'aqua Vergine, région VII (F. Cicconetti).

1109. Plan d'Appia (?), dans la catacombe de Sainte-Priscilla, voie Salaria (F. Cicconetti).

1111. Plan de la porte Tiburtine (maintenant S. Lorenzo) (F. Cicconetti).

1116. Galerie d'Appia, dans une carrière de pierres, sous l'Aventin.

1136. Fouilles (1868). Partie de l'arcade d'un aqueduc construit avec du béton ancien, du côté du cours Agger, et mur de Servius Tullius, entre le Cœlius et l'Aventin.

1141. Fouilles (1868). Vue d'une seconde fouille (ouverte en août 1868), dans laquelle on voit le seuil de la porte Capène, une partie du mur de Servius Tullius, la voûte des aqueducs, le pavage de la voie Appienne, 6 mètres en contre-bas de la surface du sol, et un autre pavage 3^{m},30 plus élevé (d'après un dessin de F. C.).

1142. Fouilles (1868). Coupe d'une des tours de Servius Tullius, près la porte Capène (maintenant dans la cabane d'un jardinier), (d'après un dessin de F. C.).

1147. Fouilles (1868). Vue de l'entrée d'un château d'eau ou réservoir d'un aqueduc du temps de Trajan, sur la colline du Cœlius, près la porte Capène (d'après un dessin de F. C.).

1150. Fouilles (1868). Plan et coupe d'un château d'eau ou réservoir sur la colline du Cœlius, près la porte Capène (d'après un dessin de F. C.).

1164. Fouilles (1869). Vue d'une quatrième tranchée sur la direction du mur de Servius Tullius, entre le Cœlius et l'Aventin, montrant la galerie d'un aqueduc.

1165. Fouilles (1869). Vue dans la quatrième tranchée sur la direction du mur de Servius Tullius, entre le Cœlius et l'Aventin, montrant une partie des fondations du mur en gros blocs de tuf, avec un mur d'aqueduc construit en béton, contre le mur de tuf enlevé, avec l'empreinte des blocs, laissée sur le mortier, à la surface du mur de béton, et la galerie de deux aqueducs.

1166. Fouilles (1869). Vue de la quatrième tranchée sur la direction du mur de Servius Tullius, entre le Cœlius et l'Aventin, montrant la galerie de deux aqueducs.

1185. Thermes de Caracalla. Partie de la piscine.

1202. Arc de Drusus, extrémité occidentale, montrant la galerie de deux aqueducs au sommet.

1244. Fouilles (1869). Agger et mur de Servius Tullius (564 ans avant Jésus-Christ), entre le Cœlius et l'Aventin. Vue d'une coupe en travers de la cinquième fouille, montrant le mur avec les aqueducs au-dessus, et un branchement à une jonction, sans doute pour un moulin.

1245. Fouilles (1869). Septième tranchée, Agger de Servius Tullius, avec trois aqueducs et deux chambres souterraines de la piscine publique (plan par F. C.).

1372. Château d'eau du premier siècle, près le cirque de Romulus.

1427. Partie d'Hadriana, appelée improprement Alexandrina, montrant, dans le lointain, la galerie et la tour de Cento Celle.

1428. Partie d'Hadriana, montrant une série d'arcades doubles superposées à travers une vallée.

1429. Hadriana, vue générale de la partie la mieux conservée, quelques arcades simples, d'autres doubles.

1434. Hadriana, près les Sette Bassi, à 5 milles de Rome.

1435. Marcia et Tepula, près Roma Vecchia.

1436. Hadriana, avec une quantité exceptionnelle de carbonate de chaux déposée par l'eau.

1437. La Felice, à la porta Furba, avec l'inscription (1585 ans après Jésus-Christ) :

> SIXTUS V. PONT. MAX. PLURES TANDEM AQUARUM SCATURIGINES INVENTAS IN UNUM COLLECTAS LOCUM SUBTERRANEO DUCTU PER HUNC TRANSIRE ARCUM A SE FUNDATUM CURAVIT, AN MDLXXXV, PONTIFIC. I.

Montrant aussi, à travers les arches, la route de Frascati et la tombe d'Alexandre Sévère, appelée Monte del Grano.

1438. Piscine du temps de Trajan, près la tour de Mezza Via, à 6 milles de Rome, sur la route de Frascati, dépendant probablement de Marcia, qui fut reconstruite en partie à cette époque, ou peut-être à Tepula (?) ou à Julia (?), ajoutée à ces aqueducs (?).

1439. Aqueducs à la tour Fiscale, montrant en même temps la ligne des vieux tombeaux, sur la voie Latine.

1451. Piles basses en briques du pont du Palatin, au Capitole, avec la naissance de l'arche.

1466. Virgo, ancienne galerie dans les catacombes de Sainte-Priscilla, montrant le tunnel à moitié rempli par un dépôt de limon.

1487. Fouilles (1869). Marcia, portée sur les deux arches d'un aqueduc, contre le mur de Rome, près la porte S. Lorenzo.

1489. Fouilles (1869). Partie des thermes de Sévère et Commode (?) (Région I), dans le vignoble des religieuses de Saint-Dominique et Saint-Sixte, au monte d'Oro, avec la galerie des aqueducs.

1514. Subiaco, Anio Novus, les lacs. (FRONTIN, chap. XV.)

La partie la plus élevée de la rivière Anio, au-dessus de Subiaco, appelée la galerie sacrée, avec les restes des barrages ou bâtardeaux, en travers de la rivière, formant les deux lacs ou réservoirs supérieurs. A gauche, on voit les monastères de Sainte-Scholastique et de Saint-Benoît.

1515. Subiaco, Anio Novus, les lacs.

La rivière de l'Anio, restes du second barrage formant le lac inférieur. Pont moderne et chapelles des moines de Saint-Benoît.

1516. Subiaco, Anio Novus, la galerie.

Cette galerie, faite par Trajan, est sur la rive, au niveau du dessus du lac, et est coupée dans le coteau. (FRONTIN, chap. LXCIII.)

1517. Subiaco, Anio Novus, château d'eau.

Nympheum ou réservoir de Trajan, sur la rive du lac, au-dessus du niveau de la galerie. (FRONTIN, chap. LXCIII.)

1518. Subiaco, Anio Novus, lacs.
La rivière de l'Anio, avec le pont moderne et les restes du troisième lac, coupé en forme circulaire; les pierres de la levée, tombées dans les torrents, ressemblent à des rochers.

1519. Subiaco, sources de Claudia. (Frontin, chap. xiv.)
Restes d'un château d'eau et entrée d'une caverne.

1521. Tivoli, château d'eau de Marcia, sur la voie de Carciano, une autre chambre.

1522. Tivoli, galerie de Claudia.
Ouverture dans cette galerie et ancien tombeau en tête, sur la voie de Carciano, au-dessus de la route.

1523. Tivoli, Anio Novus, château d'eau et galerie au-dessus de la route.

1524. Tivoli, galerie de Claudia (?) au-dessus de la route, mais en contre-bas d'Anio Novus.

1526. Tivoli, Marcia, autre château d'eau plus loin sur la même ligne.

1527. Château d'eau de Marcia, à 1 1/2 mille de Tivoli, et voûte en *opus reticulatum;* de chaque côté, raccord de l'aqueduc avec l'appareil ancien en pierre de taille.

1529. Tivoli, Anio Novus, pont ou arches à travers une petite vallée appelée Arcinelli, au-dessus de la route à gauche.

1530. Tivoli, pont de Saint-Antoine, pour Claudia et Anio Novus. Un des ponts les plus remarquables sur toute la ligne des aqueducs, à 8 milles de Tivoli, à travers la vallée et le torrent appelés tous deux de Saint-Antoine.

1531. Tivoli, pont de Saint-Antoine.
Prise du dessus, avec la chapelle de Saint-Antoine et un château du moyen âge dans le lointain. On voit la route pour les chevaux et les restes de l'aqueduc.

1534. Au-dessus de Subiaco, pont de Saint-François, sur un bras de la rivière de l'Anio.

1535. Au-dessous de Subiaco, origine de la source d'Antorimus, près d'Agosta.

1536. Entre Subiaco et Vico Varo, lac de Sainte-Lucie, une des sources de Claudia.

1537. Au-dessous de Subiaco, lac appelé Acqua Serena, une des sources de Marcia.

1538. Au-dessous de Subiaco, partie du lac appelé Acqua Serena, une des sources de Marcia, avec la galerie ou conduite.

1539. Au-dessous de Subiaco, partie du lac appelé Acqua Serena, une des sources de Marcia, avec la galerie parementée en *opus reticulatum.*

1541. Hadriana, appelé à tort Alexandrina, partie de l'aqueduc près des sources.

1542. Hadriana, appelé à tort Alexandrina, partie de l'aqueduc près des sources.

1543. Claudia et Marcia, en contre-bas de Subiaco, lac d'Agosta, Rosolina. (FRONTIN, chap. XIV.)

1544. Cascade de la rivière de l'Anio, sous le couvent de S. Cosimato, au-dessous de Subiaco, et près Vico Varo, avec une vue du château appelé Saracinesco.

1545. Tivoli, temple de la Sibylle et cascade de la rivière de l'Anio.

1546. Tivoli, cascades de la rivière de l'Anio, et temple de la Sibylle.

1547. Tivoli, cascades de la rivière de l'Anio et pont.

1548. Tivoli, cascade d'un bras de la rivière de l'Anio.

1549. Pont près Arsoli.

1553. Pont près Cantalupo, au-dessus de Tivoli, avec l'aqueduc moderne, non terminé, de l'Acqua Pia (1869).

1555. Au-dessus de Subiaco, Anio Novus, galerie taillée dans le flanc de la vallée de l'Anio, le long de la rive du lac supérieur, avec une vue du Casino Gori.

1556. Subiaco, gorge dans les montagnes.

1557. Aqua Appia, cuves de Cervaro, aux sources, près de la rive de l'Anio et près de Collatium, appelé maintenant Lunghezza.

1558. Subiaco, cascade au moulin à papier sur l'emplacement d'une piscine de l'Aqua Claudia.

CHAPITRE XII

AQUEDUC ROMAIN DE SENS

En construisant l'aqueduc de la Vanne, nous avons suivi, sur presque toute sa longueur, l'aqueduc romain, qui conduisait à Sens l'eau de trois des sources que possède aujourd'hui la ville de Paris. J'ai chargé M. l'ingénieur Humblot de faire lever le plan et le nivellement de cet antique ouvrage par un des employés du service, M. le conducteur Braye.

Le travail de M. Braye a été fait avec beaucoup de soin ; il a d'ailleurs été très-simplifié par les recherches de M. Julliot, professeur au lycée de Sens, aujourd'hui président de la Société archéologique de cette ville, qui, depuis longtemps, s'occupait d'une étude sur cet aqueduc. Il a indiqué à M. Braye les nombreux repères qu'il connaissait, et nous avons pu ainsi mettre au jour toute la cunette de l'aqueduc, souvent admirablement bien conservée.

M. Julliot a de plus rédigé une notice où il a réuni tous les documents trouvés par lui. Je n'avais évidemment rien de mieux à faire que d'imprimer cette notice sans y rien changer. Je l'ai complétée par des détails techniques sur les sources, le tracé et le système de construction de l'aqueduc.

NOTICE DE M. JULLIOT

Avant de parler des recherches que nous avons faites sur l'aqueduc connu sous le nom de *Conduit Saint-Philbert*, nous allons examiner ce qu'en ont dit les chroniqueurs sénonais, dont nous avons pu consulter les ouvrages manuscrits ou imprimés.

Bureteau en parle en ces termes : « *Fuit quoque in eiusdem urbis area, que pro foribus templi Stephani, protomartiris, adiacet, fons celeberrimus, per subterraneos ductus et cuniculos ex loco cui Valliliarum nomen est ab ipsa urbe quinque millibus passuum remoto ingeniosissime deductus, cuius canales temporum vitio dirupti, fontem ipsum urbi astulerunt*[1] ».

Il admet, ainsi que P. Coquin[2], P. Cartault[3] et beaucoup d'autres qui les ont copiés, que cette fontaine existait déjà du temps de Léontius, troisième évêque de Sens.

Le curé Rousseau[4], parlant de cette fontaine, qui, du parvis de Saint-Étienne, distribuait l'eau dans divers quartiers de la ville, « tant pour les nécessitez ordinaires que pour la délectation et le plaisir de la veue », trouve que le parvis de Saint-Étienne de Sens méritait plus que tout autre, à cause de cette fontaine, d'être comparé au paradis terrestre, qui donnait naissance aux quatre fleuves Phison, Gehon, Tigris et Euphrates. Puis il ajoute : « vraysemblablement, ce moyen d'avoir des eaux dans la ville ayant manqué, on a eu recours à la rivière de Vanne, et pour l'attirer dans la ville, on inventa le ru de Mondereau[5]. Ce

[1] Bibliothèque de Sens, man. 60, f° 26, R°. Pierre Bureteau, savant moine célestin de Sens, vivait au commencement du seizième siècle. Il a laissé une *Chronique de Sens* conservée à la bibliothèque de la ville, sous les n°s 60 et 61 des manuscrits. Cette chronique s'arrête à l'an 1432.

[2] Pierre Coquin, curé de Saligny, près Sens, mort au milieu du seizième siècle, a laissé deux manuscrits datés de 1552 et 1557. Bibl. de Sens, man. 87 et 88.

[3] Pierre Cartault était procureur au bailliage de Sens. On lui attribue deux manuscrits considérables sur l'*Histoire de Sens*. Bibl. de Sens, man. 64 et 65.

[4] Jacques Rousseau, curé de Saint-Romain de Sens, a composé, de 1682 à 1715, une *Histoire de Sens* restée manuscrite. Bibl. de Sens, man. 62 et 63.

[5] On appelle ainsi un canal creusé de main d'homme et dérivant de la rivière de la Vanne

qui nous fonde en cette croyance, c'est qu'il y a dans le tiltre de pierre[1] que nous venons d'alléguer, qu'il n'y avoit que vingt-cinq ans qu'on avoit fait le premier canal pour faire entrer l'eau dans la ville, qui n'estoit que de bois. Et, en effet, il n'y a guère plus que cette fontaine a cessé, puisque j'ai ouy dire à des personnes qui n'estoient pas plus âgées que moy[2], qu'ils y avoient veu des canaux et les tuïaux par où l'eau couloit. »

Maucler[3] dit que cette fontaine fut comblée en 1530, et un anonyme, qui écrivait en 1723[4], désigne comme étant son emplacement un endroit de la place appelé la *Pierre au laict*, où l'on voit cinq ou six pavés en rond[5]. Ce dernier fait venir l'eau de la fontaine Saint-Philbert, près Pont-sur-Vanne[6], et signale des vestiges du canal sur le chemin de Noé et dans le faubourg Saint-Savinien.

au profit de la ville de Sens, un volume d'eau évalué à 5625 pouces d'eau par heure, ou 1250 litres par seconde, dans une étude que fit, en 1768, le P. Jacques, minime, par ordre et sous les yeux du cardinal de Luynes, archevêque de Sens. Ce canal commence à Malay-le-Vicomte et se jette dans l'Yonne à Sens.

[1] Il vient de citer l'inscription suivante, gravée sur une pierre ovale et placée au-dessus de l'aqueduc, sur la face du mur d'enceinte qui regarde la ville. Cette inscription est aujourd'hui perdue :

> QUOD URBI ET CIVIBUS FŒLIX FAUSTUMQ. SIT. ANNIS AB HINC V ET XX QUEM LIGNEIS CANALIBUS OPT. REIP. CURATORES IN URBEM PRIMUM DEDUXERUNT, HUNC VETUSTATE COLLAPSUM AQUÆDUCTUM ÆMILIUS GIBIER, REGIÆ ADVOCATUS TRIUMVIR, AC DECURIONUM PRIMUS, LUDOVICUS PESCHEUR IURISCONSULTUS NICOLAUS LE LASSEUR, COGNITOR, FRANCISCUS CHEVALLIER SAVINIANUS DUFORT DECURIO, AC IOAN. BOURGOIN PUBLIC. PECUN. PROCURATOR, CONSIGNATO IN EAM REM HENRIC. FRANC. REGIS INVICTISS. DIPLOMATE, IOANNE RICHER PRÆFECTURÆ JUDICE PRIMARIO, ROBERTO HEMARD, CAUSARUM CAPITAL. QUÆSITORE, ET CLAUDIO COUSTE URBI PRÆFECTO, REM PUBLICAM FELICITER MODERANTIBUS ANNO SALUTIS PER CHRISTUM RESTITUTÆ..... PUBLICA PECUNIA FACIENDUM CURAVERUNT.

On ne sait pourquoi la date de MDLVI a été effacée à coup de marteau. Man. 63, liv. I, chap. XI.

[2] Il est mort en 1713 ; il écrivait cela en 1682.

[3] Maucler (Jules) écrivit, en 1828, 2 vol. in-f° de *Mémoires sur l'histoire civile et ecclésiastique de Sens*, conservés à la Bibliothèque de Sens sous le n° 75.

[4] Bibliothèque de Sens, man. n° 64, p. 188.

[5] Cette disposition des pavés n'existe plus. C'était vis-à-vis de la grande porte du palais synodal, non loin de la chaussée de la route de Paris à Lyon.

[6] Cette fontaine était déjà connue sous ce nom au douzième siècle. Elle est citée dans une charte de Hugues de Toucy, archevêque de Sens, en faveur de l'abbaye de Dilo (1154).

Un autre anonyme[1] donne une date précise, et avance que cette fontaine existait déjà l'an 87, qu'elle « procédoit des fontaines Saint-Philbert à Pont-sur-Vanne et Vareille, passant sous terre par un beau canal de ciment », et il ajoute que « par la négligence des gouverneurs, cette eau a perdu son cours. »

Un autre[2] signale l'existence de l'aqueduc dans le jardin du presbytère de Saint-Savinien : « Une petite chambre en rond et une voûte large d'environ douze pieds et longue au moins de cent. »

Un autre[3], dont voici le texte *in extenso*, fournit de nouveaux et intéressants détails : « Les Romains ne laissèrent rien à la postérité sénonaise que cinq choses qui sont presque effacées : la première estoit un aqueduc basti à perfection, en belles pierres de taille et maçonnerie de la hauteur de six pieds et large de quatre, qui conduisoit une fontaine d'eaue vive depuis Saint-Philbert[4], distant de trois lieues de cette ville jusques à un endroit de la grande place qu'on nomme Pierre au lait, jettant gros comme le corps d'un homme ; laquelle on a laissé démolir depuis que Sens a achepté, du temps de Charles septiesme[5], le droit du Ru de Mondereau, qui entre dans la ville par la porte Formau, pour la commodité des habitans, et qui fait moudre plusieurs moulins dehors de la même ville..... »

« On pourroit, à juste raison, blasmer les habitans de ceste ville de n'avoir pas conservé une pièce sy ancienne, qui malgré son peu de curiosité, subsiste en quelques endroits, mais aussy doit-on louer ceux qui se sont efforcés de l'entretenir et empescher sa ruine, comme fit maistre Jacques Du Chats, conseiller au

[1] Manuscrit n° 106 de la Bibliothèque de Sens, p. 2.

[2] Manuscrit n° 67 de la Bibliothèque de Sens.

[3] Manuscrit du siècle dernier, appartenant à M. le comte de Raigecourt, au château de Fleurigny.

[4] A côté de la fontaine de Saint-Philbert, il y avait un prieuré qui faisait partie du doyenné de Vanne, et qui rapportait 550 livres à son titulaire. En 1555, le prieur était maître Jacques Hodoard, curé de Villiers-Louis.

[5] Les droits de propriété de la ville de Sens sur le Ru de Mondereau sont bien antérieurs à Charles VII.

présidial de Sens et maire, en 1665 et 66, lorsqu'ayant appris que monsieur Caillet, conseiller de la cour au Parlement de Paris et seigneur de Teil, voulant y bastir un chasteau, taschoit de démolir cette pièce sy ancienne et sy bien conservée, en faisant jouer la mine pour en avoir des matériaux, de l'advis des habitans assemblés en l'hostel-de-ville, forma une opposition par devant nos seigneurs du Parlement de Paris. Ce qui fut encore soubtenu au même tribunal en 1680 et 81 par Mre Jacques Blénon, maire, et Mre Claude Bouvier, ancien eschevin, lesquels après plusieurs sollicitations et procédures, furent déboutés de ladite opposition, et depuis chascun en a pris par où il lui a semblé. »

A tous ces documents, j'ajouterai le témoignage d'un maçon qui vient de mourir dans un âge avancé. Cet homme m'a affirmé être allé par un souterrain, découvert par les ouvriers de son chantier, depuis la rue du Plat-d'Étain, jusqu'au milieu de la place Saint-Étienne, dans une chambre voûtée d'où rayonnaient dans différentes directions des conduits semblables à celui qui l'avait amené à cet endroit. Pour se rendre compte de la distance parcourue et ne point s'égarer dans son exploration, il avait fait usage d'un cordeau attaché au point de départ. Malheureusement son expédition remontait à quelque soixante ans, et lorsque guidé par lui, j'ai voulu rechercher ces souterrains, j'ai été obligé de renoncer à mon projet à cause des destinations nouvelles données à ces conduits par les propriétaires des maisons au-dessous desquelles ils se trouvent.

Et enfin comme tous les monuments anciens ont leur légende, voici le sommaire de celle qui me fut racontée par un habitant de Noé, dans une promenade que je faisais avec M. Mauroy, archiviste de la Société archéologique, en quête de détails concernant l'aqueduc :

Un roi de Sens, n'ayant pour héritière qu'une fille unique, promit sa couronne et la main de la princesse à celui de ses sujets qui se montrerait le plus digne. Parmi la foule des prétendants, deux se firent surtout remarquer : l'un avait entrepris de faire exécuter une triple chaîne d'or qu'il devait suspendre aux murs de la ville par des anneaux de même métal ; l'autre, disait-on, un chemin secret pour aller de la ville au domaine royal de Vareilles.

Quand arriva le terme fixé pour le choix, la chaîne restait inachevée ; l'or avait manqué. Mais le travail du second se trouvait terminé ; et au grand ravissement du roi, de la princesse et du peuple, qui n'avaient dans leur ville que des puits malsains, ce canal que tous avaient pris pour un chemin secret, amena sur la place publique une gerbe d'eau jaillissante, qui se répandit par toutes les rues en ruisseaux d'une eau pure et limpide. C'était l'eau d'une fontaine que la princesse estimait parmi toutes les autres. L'auteur d'un tel bienfait dont l'histoire a perdu le nom, succéda au vieux roi.

Laissons de côté tout ce qui n'est que problématique, et tâchons de découvrir la vérité.

De tous ces dires il ressort très-clairement que :

1° Il y avait sur la place Saint-Étienne de Sens, entre la grande porte du palais synodal et la chaussée actuelle de la route de Paris à Lyon, une fontaine alimentée par des tuyaux et dont il doit rester des constructions souterraines. Une fouille trancherait la question.

2° La construction de cette fontaine remonte aux temps les plus reculés, puisqu'on en signale l'existence sous le pontificat du successeur immédiat des apôtres de Sens, S. Savinien et S. Potencien, c'est-à-dire au premier siècle de l'ère chrétienne selon les traditions de l'église de Sens, au troisième siècle selon la critique moderne. Ne nous arrêtons pas à trancher la question des dates, nous y reviendrons plus loin.

3° Cette fontaine n'aurait disparu d'une manière définitive que vers la fin du seizième ou au commencement du dix-septième siècle, puisqu'en 1680, le curé Rousseau avait reçu le témoignage de personnes plus âgées que lui, qui avaient vu des canaux et des tuyaux de cette fontaine. Mais depuis quand l'eau avait-elle cessé de couler? C'est ce que nous ne trouvons écrit nulle part. Nous essaierons plus loin d'élucider cette nouvelle question et de discuter les suppositions du curé Rousseau.

4° Tous les chroniqueurs sont unanimes pour dire que l'eau qui alimentait cette fontaine, venait des sources situées à l'est de Sens, dans la vallée de la Vanne, soit de la fontaine Saint-Philbert, soit de la fontaine de Vareilles. Dom Morin, abbé de Ferrières, dans son *Histoire générale des pays de Gastinois, Sénonois et Hurepois*, imprimée l'année de sa mort en 1630, ne fait, en parlant de cette fontaine, page 639, que traduire le passage précédemment cité du célestin Bureteau. Page 599, il avance, entre autres récits erronés et imaginaires, et à propos des eaux qui baignent la ville de Sens, un dire qu'il semblerait puéril de réfuter, si les auteurs de *Gallia Christiana* ne l'avaient reproduit en partie [1]. « Ayant choisi, dit-il, un lieu de belle assiette et fort agréable, il (Samothès) y jetta les fondemens d'une belle et spacieuse ville qu'il nomma Aleuze, ayant eu esgard aux rivières et ruisseaux qui s'escoulent cette part, comme sont celles d'Yonne et Vannes dans laquelle rivière descend la Lamboye, et par l'industrie des hommes, ceux de Sens depuis deux cens ans ont trouvé le moyen de faire passer un ruisseau par toutes les rues de leur ville, ayant arresté ladite rivière de Vannes, dans les fossez de Chisi entre deux collines. »

André Duchesne, dans ses *Antiquités et recherches des villes, chasteaux et places les plus remarquables de la France*, 1609, tient à peu près le même langage avec moins de détails. Il prétend que « le fleuve de ruisseaux » qui baignent les rues de Sens viennent « d'un lac de dehors, près lequel se remarque une

[1] *In Burgundiæ finibus sita urbs Senonum de nobilibus illius provinciae nobilis dicitur in chronico Centulensi, quæ in Autissiodorensi Galliæ urbs præ cæteris insignis tam affluentia opum quam confluentia populorum nunc vero ampla satis civitas decoratur aquis per plateas artificio fluentibus et vias mundantibus a Lamboya qui in Vennam decidit derivatis per aquæ ductus in urbem extra quam antiqua supersunt ædificiorum vestigia.* (*Gall. Christ*, t. XII.)

source où les eaux se durcissent naturellement en pierres. »

La Lamboye, le lac et le barrage de Chigy doivent être rejetés dans le domaine des chimères. Quant à la fontaine pétrifiante, on a voulu y reconnaître la fontaine de Véron; mais les eaux de cette fontaine ne déposent pas des concrétions beaucoup plus abondantes que les eaux de la Vanne, malgré la réputation qui leur a été faite.

5° Enfin, l'opinion générale des chroniqueurs sénonais est aussi que les aqueducs souterrains qui alimentaient la fontaine du parvis Saint-Étienne, doivent être attribués aux Romains, et qu'on doit les reconnaître dans ces substructions si difficiles à démolir qu'on rencontre dans les caves du faubourg Saint-Savinien et le long du chemin de Malay-le-Vicomte à Noé.

Voilà tout ce que nous pouvons tirer des anciens chroniqueurs du pays, passons maintenant aux recherches entreprises par les investigateurs modernes.

Lors du congrès archéologique tenu à Sens en 1847, la Société archéologique de cette ville présenta, sur les aqueducs romains découverts à Sens et aux environs, un rapport incomplet, le temps et l'argent nécessaires pour des explorations ayant manqué. On signala cependant un premier aqueduc connu sous le nom de *Conduit de Saint-Philbert;* un second plus moderne, qui se dirige dans le vallon situé au sud de Malay-le-Vicomte vers la Faucauderie; un troisième, très-petit, entre Paron et Gron, à 3 kilomètres en amont de Sens et semblant se diriger vers des constructions romaines découvertes dans la plaine non loin d'un endroit appelé le port de Salcy; un quatrième, à 2 mètres au-dessous du sol actuel de la ruelle aux Loups, dirigé du S-S-E au N-N-O; un cinquième, longeant le faubourg Saint-Savinien (ce n'est vraisemblablement qu'un tronçon de l'aqueduc Saint-Philbert, non rattaché à la portion signalée entre Noé, Malay-le-Vicomte et Sens); et enfin, un sixième, parallèle à la grande rue et situé sous les maisons au sud de cette rue.

Les détails fournis alors sur l'aqueduc qui nous occupe, furent très-succincts, et en partie inexacts. Un plan fait par M. E. Amé, ancien conducteur des ponts et chaussées à Sens, aujourd'hui architecte à Aurillac, fut indiqué comme ayant été envoyé au ministère de l'intérieur.

J'ignorais tous ces détails quand j'entrepris de relever le plan de cet aqueduc; je ne connaissais que la tradition populaire. Les manuscrits que j'ai cités n'étaient pas encore déposés à la bibliothèque de Sens, et quand j'eus connaissance du rapport présenté le 31 mai 1847, au congrès archéologique de Sens, j'allais abandonner mes recherches comme faisant double emploi. J'écrivis alors à M. Amé pour lui demander quelques détails, et je vis par sa réponse, en date du 26 mars 1869, qu'il restait encore beaucoup à faire.

J'avais copié une partie des cartes du cadastre, pour y reporter les points où j'avais reconnu l'aqueduc; je continuai et je réunis ainsi treize feuilles aux échelles de $\frac{1}{1250}$ et $\frac{1}{2500}$, formant un ensemble de 11 mètres de longueur. Comme l'aqueduc est presque toujours souterrain et que les fonds me manquaient pour faire exécuter des sondages, je guettais chaque année les moments où la chaleur fait souffrir les cultures, pour lire sur le sol le tracé de l'aqueduc dessiné par les herbes flétries ou les blés jaunis avant le temps. Avec de la patience, du temps, bien des courses, bien des questions posées aux cultivateurs des champs, je parvins à dessiner sur le papier le plan de l'aqueduc. Des recherches dans les maisons et les jardins de Sens (faubourg Saint-Savinien), de Malay-le-Vicomte, de Noé et de Theil, me permirent d'ajouter à ces données; il ne me restait plus que certains raccords à trouver, lorsque M. l'ingénieur Humblot[1], témoin de mes recherches, voulut bien m'encourager, en me promettant de faire faire le nivellement, dès que j'aurais terminé le plan.

L'invasion suspendit mes recherches et le nivellement ne fut

[1] Alors membre titulaire de la Société archéologique de Sens.

mis à exécution que pendant l'automne de 1873. Il fallut alors non-seulement mettre à découvert la maçonnerie dont mon plan indiquait le tracé, mais en plusieurs points, percer la voûte pour arriver au radier. Ce travail permit de reporter au plan quelques points restés douteux.

Voici maintenant le tracé fidèle de cet aqueduc[1]; je partirai de la ville pour remonter aux sources.

Dans la ville rien de certain à signaler, si ce n'est une cave située sous une maison de la rue Champfeuillard, n° 40. Elle est bâtie en mêmes matériaux que l'aqueduc, mais elle a toutes ses dimensions plus grandes. Elle bute contre le mur d'enceinte de la ville qu'elle ne franchit pas et se trouve à 55 mètres au sud de la *Porte Formau*. J'ignore quelle pouvait être l'utilité de ce souterrain; je ne puis pas même affirmer qu'il eût quelque rapport avec l'aqueduc de Saint-Philbert, bien qu'il se trouve sensiblement dans sa direction. L'absence de toutes ruines de l'aqueduc dans l'enceinte fortifiée ne peut s'expliquer que par cette raison que, situé au-dessus du sol et à plusieurs mètres de hauteur, ce canal, devenu inutile et gênant, aura été démoli et ses matériaux employés dans les constructions.

Hors de la ville, on peut encore voir les restes à fleur du sol des substructions de l'aqueduc le long du fossé (*Petit ru Saint-Philbert*), qui sépare le *Pré de l'Hôtel-Dieu* (anciennement de l'abbaye de Saint-Jean) des jardins qui entourent l'*Enclos des Célestins* (sondes portant sur la carte les n°s 55 et 54). J'ai vu démolir une grande longueur de ce mur, qui devait élever le radier de l'aqueduc à 4 mètres au-dessus du sol actuel. Du confluent du *Petit ru Saint-Philbert* avec le *ru de Mondereau*, l'aqueduc se dirige en ligne droite à travers les jardins de l'*Étoile*, sur l'ancienne abbaye de *Saint-Pierre-le-Vif*, aujourd'hui le *Bon-Pasteur*, en coupant une seconde fois le Ru de Mondereau, un peu au-dessous de la sonde n° 54. Mais arrivé aux maisons qui forment le côté sud du

[1] Voir la carte.

faubourg Saint-Savinien, il change de direction, reste sous ces maisons parallèlement à la rue du faubourg jusqu'à la ruelle de la Planche-Barrault (s. n°s 53, 52 et 51), fait un nouveau coude, et traversant les ruelles de la *Belle-Épine* et du *Paradis*, et la propriété de la *Planche-Barrault*, passe sous le chemin de fer d'Orléans à Châlons, affleure le sol au tournant du *Chemin des Bas-Musats* (s. n° 50), côtoie ce chemin, et entre sur le finage de Malay-le-Vicomte, en longeant la ligne séparative des propriétés qui aboutissent au *Chemin Bas* d'avec celles qui sont immédiatement au-dessus (s. n°s 49, 48 et 47). Vis-à-vis la borne 113,4 de la route de Sens à Troyes, l'aqueduc coupe cette ligne pour se rapprocher de la route et la suivre parallèlement de la borne 113,7 à la borne 114. Sa distance au fossé n'est alors que de 15 mètres (s. n° 46), un léger coude l'en éloigne de 44 mètres (s. n° 45) et par une inflexion en sens inverse, il vient passer sous la route entre les bornes 114,3 et 114,4. On trouve la voûte au fond du fossé nord de la route à l'endroit où débouche le *Chemin des Grèves* (s. n° 44 bis). Il revient alors brusquement par-dessous la route dans une sablière où l'on peut le voir suspendu comme une énorme poutre. On y a pratiqué une ouverture qui permet de le parcourir à l'intérieur sur une longueur de 160 mètres entre les sondes *44 bis* et 44. A partir de cet endroit (s. n°s 44, 43 et 42), l'aqueduc redevient parallèle à la route jusqu'au chemin de Malay-le-Vicomte. Il forme alors (s. n° 42) un angle obtus et se dirige en ligne droite vers les moulins, en suivant le fossé du chemin et le sentier qui part de la *Croix Sainte-Marguerite* (s. n°s 42, 41 et 40).

Entre cette croix et les moulins, on voyait, il y a quarante ans, une solide muraille « ayant plus de 2 mètres d'épaisseur et encore élevée au-dessus du sol d'environ 2 à 3 mètres sur une longueur de 60 mètres à peu près. L'appareil de cette construction, aujourd'hui détruite, était le même qu'on admire à Sens, c'est-à-dire de petites pierres cubiques divisées par des cordons en briques[1]. » Cette muraille, connue dans le pays sous le nom de *Mur des Sarrasins,* n'était autre chose qu'une substruction qui soutenait le canal à la hauteur voulue pour éviter ce que l'on appelle improprement aujourd'hui un siphon. Il n'en reste plus qu'un fragment au niveau du sol sur une longueur d'environ 15 mètres (s. n° 40) ; un fossé indique l'emplacement de la partie récemment détruite[2].

On ne retrouve rien du pont sur lequel, en cet endroit, l'aqueduc franchissait la rivière de Vanne (s. 39), et qui ne devait être qu'une arcade se reliant à la substruction, dont nous venons de parler. Celle-ci traversant tout le village actuel, en suivant la rue des Moulins, où l'on en voit des vestiges de place en place (s. n°s 39, 38, 37 et 36), se rendait aux lieux dits *Le fossé des Caves* et *les Caves*[3]. Avant d'arriver en cet endroit, il faut franchir un second bras de la Vanne qui fait le tour du village; et sur les talus de ce fossé, deux massifs de béton marquent son passage (s. n°s 36 et 35). Je ne saurais dire si ce fossé est antérieur ou postérieur à la construction de l'aqueduc. Au lieu dit les Caves (s. n° 34), l'aqueduc fait un coude, suit un talus très-prononcé, et s'en va presque en ligne droite traverser le chemin de Malay aux Fleuris, à l'endroit où prend naissance le chemin de l'Arvant (s. n° 32) ; là il redevient souterrain, après être resté au-dessus du sol pendant près de 2 kilomètres.

C'est non loin de là, dans le vallon qui s'ouvre au sud, que l'on rencontre le second aqueduc signalé au congrès de 1847[4]. Ce petit aqueduc, plus élevé que le premier, amenait-il dans l'artère principale les eaux d'une fontaine aujourd'hui disparue? Les amenait-il au village de Malay-le-Vicomte? Ce sont là deux suppositions permises, bien qu'elles soient en contradiction avec les traditions locales, qui le considèrent comme une dérivation

[1] *Annuaire de l'Yonne*. 1843, p. 144.

[2] L'habile crayon de notre regretté V. Petit nous a conservé un dessin de ce mur tel qu'il existait vers 1830.

[3] Ces dénominations semblent tirées de la présence de l'aqueduc.

[4] Au point A de la carte.

de l'aqueduc Saint-Philbert, allant fournir des eaux à une habitation dont on ne saurait fixer l'ancien emplacement [1].

A partir de cet endroit, l'aqueduc suit le pied des friches de la colline de Chaumont (s. n°s 32, 31 et 30), puis traverse les terres cultivées qui viennent aboutir au chemin de Malay à Noé (s. n°s 30 et 29), s'adosse à un talus qui longe la route (s. n° 28 et 27) et traverse un lieu dit *le Conduit* (s. n°s 26 et 25). Cette fois, l'origine du nom n'est pas douteuse. A 130 mètres du talus, on peut pénétrer dans l'aqueduc par un éboulement (s. n° 26), et 270 mètres plus loin, par un regard construit récemment un peu au-dessous du four à chaux (s. n° 24).

A quelque distance au delà de la fontaine de Saint-Martin, au-dessus de laquelle il passe, sans la prendre, l'aqueduc entre dans le territoire de Noé (s. 22), en restant toujours au sud du chemin. Deux regards (s. 21 et 20), situés à 245 mètres l'un de l'autre sur la *Côte Bréjeau*, permettent d'en visiter l'intérieur. Il passe alors sous la *Montagne du Clos*, il en reste un témoin sous le talus au tournant de la route (s. n° 19); puis on en perd la trace, attendu que, pour traverser le *Pré du Clos* et arriver au nord des maisons du hameau du *Clos-de-Noé* où on le retrouve [2], il devait être porté par des substructions qui ont disparu sous le marteau des démolisseurs. Ces substructions pouvaient bien avoir ici une longueur de 150 à 180 mètres.

Au delà de ce hameau, un troisième regard, situé à 30 mètres au nord du chemin de Noé et à 9^{m},40, à l'est de la *Ruelle de la Paillarde* (s. n° 18), avait été signalé et dessiné par M. Amé. A partir de ce regard, la direction de l'aqueduc est une ligne sensiblement droite (s. n°s 18, 17, 16 et 15), qui se dirige vers le bassin de la fontaine de Noé (s. n° 14). Cependant il fait dans le village même un coude qui le force à passer deux fois sous le

[1] Cette dernière hypothèse est inadmissible, puisque le radier de l'aqueduc principal au chemin des Fleuris, est à l'altitude 84,71, et que celui du petit aqueduc de la Faucaudrie est à l'altitude 90,17, et par conséquent beaucoup plus élevé ; la première hypothèse de M. Julliot est évidemment la plus probable. E. B.

[2] Ce point n'est pas indiqué sur la carte.

même chemin près du carrefour qui mène à l'église; et dans les travaux d'entretien de ce chemin, M. Carré, agent-voyer de Sens, le découvrit dans le talus au sud-est du carrefour, non loin de la sonde n° 16.

L'ancien bassin de la fontaine de Noé n'existe plus; le mur romain qui traversait ce bassin, et qu'en 1847 M. de Magnitot indiquait comme substruction de l'aqueduc, mais qui n'était vraisemblablement qu'une des parois du bassin de construction romaine, a disparu aussi. Par suite de travaux effectués par la ville de Paris le niveau des eaux a été abaissé d'environ 3 mètres; mais ce qui existe encore en son entier, c'est le travail fait par les Romains pour capter la source dont les griffons se trouvent sous le chemin actuel de Noé à Theil. Au pied d'un mur de 13 mètres de longueur, qui s'élève du fond du bassin pour soutenir le chemin, on voit encore six baies formées chacune de deux pierres reposant directement sur la craie du sous-sol, et d'une autre pierre plus grande formant linteau (pag. 209 et 210). Par ces ouvertures en forme de canal, présentant une largeur moyenne de 25 à 30 centimètres, une hauteur de 50 à 60 centimètres et une longueur que je n'ai pu mesurer, l'eau arrivait de la source dans le bassin romain, qui devait recevoir d'autre part les eaux amenées d'amont par la partie supérieure de l'aqueduc. Au-dessus de ces baies le mur est encore revêtu du petit appareil déjà remarqué sur le *mur des Sarrasins* à Malay-le-Vicomte.

Au delà de la fontaine et dans les champs immédiatement adjacents au village, on n'a aucune donnée certaine; mais à 200 mètres des maisons, on retrouve l'aqueduc toujours au nord du chemin et à une distance qui varie entre 15 et 30 mètres (s. n°s 13 et 12).

Avant d'entrer dans le village de Theil, il coupe le chemin, puisqu'on le rencontre dans la cour de Durand Pierre, première maison à droite en entrant dans la grande rue (s. n° 11). Il doit rester alors au sud de la rue, et s'en aller en ligne droite gagner la source du *Miroir*, dont il devait en passant recueillir le tribut.

Il est vrai que je n'ai ici aucune donnée certaine; mais lorsqu'on fit, dans la grande rue de Theil, une tranchée pour l'établissement du canal, qui doit conduire au Moulin de la Forge, les eaux du Château, notre aqueduc ne fut point rencontré[1]. D'autre part, j'ai vu près de la fontaine du Miroir, des ruines d'origine évidemment romaine, et le procès intenté par la ville de Sens de 1665 à 1681, au seigneur de Theil, et dont j'ai parlé plus haut, semble bien indiquer le passage de l'aqueduc dans l'intérieur du parc ou des dépendances du château, dans l'enceinte desquelles se trouve précisément la source du Miroir.

Au-dessus de cette fontaine, l'aqueduc coupe obliquement la route, passe derrière les maisons du village (s. n°s 9, 8 et 7), et arrivé à la hauteur de la *Malotrie* (s. n° 6)[2], fait une légère courbe à travers le *Champ de la Pie* (s. n° 5) et les *Terres noires* (s. n° 4), et vient rencontrer le chemin de Cerisiers à Pont-sur-Vanne (s. n°s 4, 3 et 2) à 245 mètres au sud du déversoir de la fontaine de Saint-Philbert (s. de 9 à 2). Une fouille pratiquée en cet endroit a permis de constater l'existence d'un coude dans la direction de la fontaine (s. n° 2). Au delà du chemin dans la direction de Vareilles, je n'ai plus rien trouvé.

La longueur totale de l'aqueduc, d'après les cartes du cadastre, est de 13 à 14 kilomètres, de la fontaine Saint-Philbert à l'endroit où il se croise avec le ru de Mondereau, c'est-à-dire à 100 mètres de l'enceinte romaine de Sens.

Il ne me reste plus qu'à examiner si l'on peut fixer la date de cette construction et celle de sa ruine. Et d'abord est-il possible d'accepter cette tradition qui considère la fontaine du parvis Saint-Étienne comme contemporaine de l'évêque Léontius?

Si nous admettons, avec l'église de Sens, que ses premiers apô-

[1] D'après notre plan et notre profil, l'aqueduc a été trouvé presque en face de la source, dans la rue de Theil. E. B.

[2] Le cadastre écrit Malotrie, ainsi que la carte d'état-major. On trouve aussi pour le nom de cette ferme *Malhortie* et *Malheurtis*. On peut rapprocher de ce nom ceux de deux autres fermes de l'Yonne la *Malaiterie*, commune de Rogny, et la *Malletterie*, commune de Villefranche.

tres sont des soixante-douze disciples de Notre-Seigneur, et ont été envoyés dans les Gaules dès le premier siècle, Léontius, leur successeur immédiat, appartient à la seconde moitié du premier siècle, et par conséquent la construction de notre aqueduc remonte aux premiers temps de l'empire romain. Mais à quel empereur faut-il attribuer l'honneur de ce travail?

Une seule inscription du premier siècle se rencontre dans le Musée Romain de Sens; elle a été trouvée dans la rivière d'Yonne à Sens même, il y a trente ans. La voici :

DIVI NEPOTI PONTIFICI
COS. IMP. PRINCIPI.
IVVENTVTIS
TAS SENONVM

Je l'ai étudiée en 1864, et à la suite d'une discussion qui se trouve insérée dans le *Bulletin de la Société archéologique de Sens*, t. IX, je l'ai attribuée à Caius César, fils d'Agrippa et petit-fils adoptif d'Auguste, et j'en ai proposé la restitution suivante :

C. CÆSARI
AVG. F. DIVI NEPOTI PONTIFICI
AVG. COS. IMP. PRINCIPI
IVVENTVTIS
CIVITAS SENONVM

A Caius César, fils d'Auguste, petit-fils du dieu, pontife, augure, consul, imperator, prince de la jeunesse, la cité des Sénonais.

Je ne voyais pas alors à quel titre la cité des Sénonais pouvait avoir élevé ce monument au petit-fils d'Auguste, et je l'attribuais à la colonie romaine qui, après la conquête, était venue s'implanter dans Agendicum, et se décorait du titre de *Civitas Senonum*. Mais s'il n'est pas téméraire de faire remonter la construction de l'aqueduc Saint-Philbert au règne d'Auguste et à l'administration brillante d'Agrippa, son gendre, et son lieutenant dans les Gaules, on pourrait peut-être trouver, dans l'exécution de ce beau travail, un des motifs qui ont porté les Romains et les Sénonais d'Agendicum à élever au jeune fils d'Agrippa, petit-fils d'Auguste par sa mère et son fils adoptif, un monument, une statue, dont il ne nous reste que l'inscription, et qui était un témoignage de leur reconnaissance envers Auguste et Agrippa.

L'aqueduc, en effet, ne devait pas seulement, comme le disent les chroniques, alimenter une simple fontaine, un château d'eau sur la place publique; il devait nécessairement desservir *les Thermes, la Naumachie* et peut-être *les Arènes* et *le Camp prétorien*. En s'éloignant de la mère-patrie, les colons avaient dû apporter leurs habitudes, conserver leurs goûts, et chercher à tout prix les moyens de les satisfaire. Aussi tous les établissements énumérés ci-dessus surgirent-ils rapidement dans la ville romaine qui s'éleva sur l'emplacement de la capitale des Gaulois Sénonais[1].

Si nous reportons, avec les critiques du siècle dernier, l'arrivée des saints Savinien et Potentien dans la Sénonie au milieu du troisième siècle, nous sommes obligés de rejeter la date de l'an 87 donnée par nos chroniqueurs au pontificat de Léontius et de le placer à la fin du troisième siècle. Cette transposition n'infirme pas notre première hypothèse, puisque l'aqueduc construit au premier siècle pouvait encore exister deux cents ans plus tard; mais elle nous permet d'en proposer une nouvelle qui semble offrir plus de probabilité.

Une autre inscription, malheureusement incomplète, a été trouvée dans les fortifications romaines de Sens. Elle se trouve aujourd'hui avec la précédente dans le musée romain de cette ville. Certainement gravée pour perpétuer le souvenir de personnages

[1] L'emplacement des Thermes a été reconnu promenade Saint-Didier; celui des Arènes est encore indiqué par une dépression elliptique et des ruines au faubourg Saint-Savinien (Bull. de la Soc. arch. de Sens, 1851); quant à la Naumachie, on l'a placée dans un enclos attenant au cimetière actuel et appelé le *Clos de Bellenave*. Le camp prétorien se trouvait au sud du confluent de la Vanne et de l'Yonne; on lui donne aujourd'hui le nom de la *Motte du Ciar* (Congrès archéologique de Sens, 1847).

qui ont marqué leur passage dans les charges publiques par des travaux importants, elle nous donne la date de l'un des établissements de la cité romaine. Voici ce fragment, déjà publié en 1867 avec les autres inscriptions du Musée gallo-romain de Sens :

GERM · DAC ·
NVS ET T · PRISC
VS ET AMBVLAT
E.T OLEVM P.INP

GERM. DAC. sont là pour GERMANICO, DACICO, surnoms qui ne conviennent qu'à l'empereur Trajan. Notre monument, quel qu'il soit, a donc été inauguré sous son règne et dans la période comprise entre son triomphe sur Décéballe, roi des Daces, l'an 103, et sa mort arrivée l'an 117.

La seconde ligne nous donne les noms de deux personnages.... *nus et T. Prisc....* Je voudrais pouvoir y reconnaître les noms de deux consuls de l'an 109 : *Publius Aelius Hadrianus et M. Trebatius Priscus*, donnés par Henzen (t. III, p. 97 de la table renvoyant au n° 2471 d'Orelli), et je serais bien tenté de le faire. Il suffirait d'écrire *P. AELIVS HADRIA*NVS ET T. PRISC*VS;* mais je ne pense pas que le sigle T. puisse se lire *Trebatius.* Ces noms doivent être ceux de deux magistrats de la cité, édiles ou duumvirs. La troisième ligne constate l'exécution de travaux publics, parmi lesquels des promenoirs, *ambulationes.* La quatrième, des largesses faites au peuple à propos de l'inauguration de ces travaux, entre autres une distribution d'huile[1].

Rien ne peut, au premier abord, nous autoriser à penser que cette inscription ait quelque rapport avec notre aqueduc ; il semble même qu'elle s'applique au théâtre. En effet, on lit, dans Vitruve, que dans toutes les villes qui ont possédé des architectes habiles, on voit autour des théâtres, des portiques et

[1] Une inscription contemporaine de Vespasien, trouvée à Turin, se termine par ces mots HIC OB DEDICATIONEM STVATARVM EQVESTRIS ET PEDESTRIS OLEVM PLEBEI VIRIVSQVE SEXVS DEDIT. Orellius, I, 748.

des promenoirs, « cæterisque civitatibus, quæ diligentiores habuerunt architectos, circa theatra sint porticus et *ambulationes*[1]. » Or, quand une ville dépense de grandes sommes pour construire, embellir ou restaurer un théâtre, elle a dû pourvoir avant tout aux établissements de première nécessité. Et je m'imagine que chez les Romains des deux premiers siècles, les thermes devaient passer avant le théâtre, *panem et circenses*. Si donc le théâtre est construit, restauré ou embelli vers l'an 109, les thermes existent déjà ainsi que l'aqueduc qui les alimente.

Mais si nous examinons de plus près cette inscription, nous nous convaincrons qu'elle s'applique mieux à des thermes qu'à un théâtre. Les thermes en effet comprenaient, outre les salles destinées aux bains de toute sorte, à la lecture, à la conversation, aux jeux et aux exercices gymnastiques, des galeries couvertes, des promenoirs à ciel ouvert[2]. Les portiques? et les promenoirs de notre inscription peuvent être ceux des thermes. Et ce qui appuie cette manière de voir, c'est la distribution d'huile qui s'y trouve mentionnée. Cette distribution n'est pas isolée, comme dans l'inscription de Turin; elle est accompagnée d'une autre largesse mentionnée précédemment et suivie de la conjonction ET qui commence la quatrième ligne. Elle n'est probablement que le complément de bains accordés gratuitement et à leurs frais *propriis inpensis* (*sic*) par les magistrats .....*nus et T. Prisc*..... Pline le Naturaliste et Orelli justifient cette assertion. Le premier nous rapporte qu'Agrippa fit construire à Rome cent soixante-dix bains, et que pendant l'année de son édilité, le peuple y fut admis gratis; il ajoute : aujourd'hui le nombre de ces établissements gratuits s'est augmenté à l'infini à Rome[3]. Le second donne, sous les n°s 202, 2325, 2326, etc., des inscriptions mentionnant des bains offerts gratuitement au peu-

[1] VITRUVE, lib. V cap. IX.

[2] BALINEUM, CAMPUM, PORTICUS AC AQUAS IUSQUE EARUM AQUARUM TUBO DUCENDARUM. Orellius, I, 199. AD PORTICUM ANTE THERMAS Henzen, III, 6943.

[3] Pline le Naturaliste, lib. XXXVI cap. XXIV et ci-dessus page 119.

ple, et sous le n° 3738, une inscription dans laquelle on lit : *Balneum cum oleo gratuito dedit* [1].

Ainsi donc, il nous semble prouvé que des thermes existaient à Sens dès les premières années du second siècle. Et dès lors, il est naturel d'admettre que l'aqueduc, qui nous occupe, existait aussi. Mais faut-il l'attribuer au règne de Trajan, qui emploie les trésors de Décéballe à toutes sortes de travaux publics, entre autres à l'aqueduc qui fut rompu par les Goths l'an 536? Peut-on le faire remonter au règne d'Auguste, qui introduisit dans Rome les eaux *Julia*, *Virgo*, *Alsiétina* et *Augusta*[2]? ou bien doit-on le considérer comme contemporain de Claude, cet empereur né à Lyon, qui indisposa les Romains contre lui à cause de ses faveurs pour les Gaulois, et qui dota sa capitale des eaux *Claudia* et *Anio novus*[3]? C'est là une difficulté que je ne saurais trancher ; mais par ce qui précède, il devient impossible de l'attribuer au règne de l'empereur architecte Adrien, à qui tant de villes de l'empire devaient d'admirables édifices ; à qui Nîmes, pour citer l'une d'elles, devait ses arènes et son fameux aqueduc du Pont-du-Gard[4].

Recherchons maintenant si l'on peut dire à quelle époque l'aqueduc de Saint-Philbert a cessé de couler.

Les fortifications de la ville de Sens, que nous avons vues tomber,

[1]
CAESIAE SABINAE
CN. CAESI. ATHICTI
HAEC SOLA OMNIVM
FEMINARVM
MATRIBVS. C̄. VIR ET
SORORIBVS ET FILIAB.
ET OMNIS ORDINIS
MVLIERIBVS MVNICIPIB.
EPVLVM DEDIT. DIEBVSQ
LVDORVM ET EPVLI
VIRI SVI BALNEVM
CVM OLEO GRATVITO
DEDIT
SORORES PIISSIMAE.

[2] FRONTIN, *Commentaire sur les aqueducs de Rome*. 9 à 12.

[3] FRONTIN, *Commentaire sur les aqueducs de Rome*. 13.

[4] L'empereur Adrien est le même personnage que Publius Aelius Hadrianus, consul en l'an 109, de sorte que si l'inscription citée plus haut le désignait, les thermes de Sens exécutés sous le règne de son prédécesseur pourraient néanmoins être son œuvre.

et dont il reste encore de majestueux débris, remontent aux dernières années du troisième siècle. M. F. Lallier l'a établi dans un remarquable travail publié par la Société archéologique de Sens [1]. Il les attribue à Constance-Chlore, qui fut empereur de l'an 292 à l'an 306. A cette époque, les peuples de la Germanie avaient rompu les barrières que Rome avait vainement essayé de leur opposer sur les bords du Rhin; les invasions et les dévastations étaient devenues journalières. Les villes de la Gaule se virent dans la nécessité de s'entourer de remparts et de fossés capables de résister à l'ennemi. C'est alors que sacrifiant une partie de son territoire, trop vaste pour recevoir une enceinte de murailles, Sens construisit, avec les pierres de ses splendides édifices, de ses temples et même de ses tombeaux [2], des courtines et des tours, qui formèrent au cœur de la cité une forteresse inexpugnable [3]. Encore debout il y a soixante ans, ces constructions résistaient à d'autres invasions sorties des mêmes pays que les hordes barbares contre lesquelles il avait fallu les élever.

L'aqueduc fut-il respecté lors de ces travaux? Les traditions rapportées plus haut semblent le faire croire; et ce qui vient appuyer cette croyance, c'est le nom de la porte près de laquelle il devait pénétrer dans l'enceinte fortifiée. Cette porte s'appelle aujourd'hui *Porte Formau*. Et ce nom diversement orthographié a donné lieu à plusieurs dissertations, dans lesquelles on voulait le faire dériver de *firma, formosa, forum aquæ*. Au seizième siècle, lorsqu'on introduisit l'eau du ru de Mondereau par cette même porte, pour la faire couler dans les rues de la ville, on fit un aqueduc en bois, qu'on appela *les Auges*, et l'on donna à la porte le nom de *Porte des Auges*. C'était la traduction lit-

[1] Bulletin de 1846.

[2] La Société archéologique de Sens a religieusement recueilli les débris de ces monuments à mesure que la démolition de ses fortifications les remettait au jour. Elle a ainsi créé un riche musée lapidaire gallo-romain dont elle a entrepris la publication. Deux fascicules comprenant 30 planches photographiées in-4° ont déjà paru.

[3] A la devise : *Urbs antiqua Senonum*, qui accompagne ordinairement les armes de la ville de Sens, le seizième siècle ajouta par allusion à ces hautes murailles : *Nulla expugnabilis arte*. On avait alors oublié l'histoire.

térale de son ancien nom *Porta formarum*, *Porte de l'Aqueduc*.

En conservant l'aqueduc, on utilisa vraisemblablement une partie ou même la totalité de son eau pour la défense de la ville ; on en remplit les fossés creusés au pied des murs. Les thermes avaient sans doute été saccagés par les barbares ; car leur emplacement fut laissé en dehors des fortifications. Mais combien de temps dura cet état de choses ?

La période de tranquillité pendant laquelle Sens et les cités voisines purent édifier leurs murailles, fut de courte durée. Des troubles nouveaux et de nouvelles invasions couvrirent le pays de nouvelles ruines ; et les dévastations furent telles que nous pouvons à peine nous en faire une faible idée. Cinquante ans s'étaient à peine écoulés depuis la mort de Constance-Chlore, lorsque Julien, devenu César et gouverneur des Gaules, fut en 356 bloqué pendant un mois dans les murs de Sens, où il avait établi ses quartiers d'hiver, par les mêmes envahisseurs qu'il venait de repousser au delà de Cologne. Ammien Marcellin nous raconte le dénuement et la bravoure des troupes romaines et de leur chef, qui fatiguèrent les assiégeants, et les forcèrent à se retirer. Cette retraite ne se fit pas évidemment avant que tout ce qui était à leur portée ne fût ravagé.

Depuis cette époque jusqu'au milieu du onzième siècle, Sens voit successivement camper à ses portes et les Sarrasins[1], et les Normands, et les Hongrois, et les Saxons. Son territoire est traversé en tout sens par des armées ennemies[2]. On ne lit dans son histoire qu'incendies, ruines et pillages ; mais le laconisme des anciennes chroniques est désespérant, et nous réduit à dire, malgré les assertions du curé de Saint-Romain et de

[1] Les substructions de l'aqueduc portaient à Malay-le-Vicomte le nom de *Mur des Sarrasins ;* serait-ce en souvenir de leur invasion de 734 ? La ruine de l'aqueduc par ces peuples que nos chroniques appellent aussi Wandales doit-elle leur être attribuée ?

[2] Pendant l'été de 1033, le roi Henri Ier vint en compagnie de son grand-oncle Foulques de Nerra, comte d'Anjou, camper à Malay-le-Grand, et tenter inutilement le siége de Sens. L'abbaye de Saint-Pierre-le-Vif fut saccagée. L'année suivante il revint à la tête d'une armée de 3,000 hommes, et pendant sept jours il dévasta les faubourgs par les massacres et l'incendie, ne pouvant réussir à prendre la ville.

Maucler, que nous ne savons pas quand l'aqueduc fut rompu.

Par la rupture de ce conduit, les fossés mis à sec devenaient inutiles; il fallut les remplir pour faire face à de nouveaux dangers. Le rétablissement de l'aqueduc eût coûté trop de temps et d'argent, on se contenta de détourner l'eau de la rivière de Vanne à Malay-le-Grand, pour l'amener à ciel ouvert jusque sous les murs de la ville. Et cela était d'autant plus facile que Malay, comme Saint-Pierre-le-Vif, n'était qu'un faubourg de Sens. Il faisait partie du *Comté* de Sens; il passa en 1055 dans le domaine du roi ; en 1146 ses habitants jurèrent, avec ceux de Sens, de Saint-Pierre et des autres faubourgs, la *Commune* qui leur était accordée par le roi Louis VII, et qu'ils conservèrent jusqu'en 1317.

Aucun document ne nous fournit la date de la création de ce canal connu sous le nom de *Ru de Mondereau*. Le curé de Saint-Romain, Rousseau, cité plus haut, le considérait avec juste raison, je pense, comme ayant succédé à l'aqueduc romain, mais sans pouvoir, plus que nous, fixer une date à son origine. Voici tout ce que nous avons pu découvrir de plus ancien concernant son histoire :

Au milieu du quatorzième siècle, lorsque, par ordre du régent, qui fut depuis Charles V, les habitants de Sens eurent « faict faire *de nouvel* et à leurs despens les foussez de ladicte ville, et pour ce faire, faict abattre plusieurs bastimens et arbres, » ces fossés furent remplis à l'aide de l'eau du ru de Mondereau, « qui passoyt et entroyt es foussez de la ville entre la porte du Charnier [1] et la poterne de la porte Formau. » Taveau, à qui nous empruntons ces deux passages et qui se plaît à donner certains détails concernant les travaux qui furent alors exécutés, ne parle du ru de Mondereau que comme d'une chose alors existante. Si l'on avait creusé ce canal en même temps que les fossés, il en eût dit quelque mot.

[1] Actuellement porte Notre-Dame.

Le ru de Mondereau est donc antérieur au quatorzième siècle, et nous en trouvons la preuve dans une toute petite charte, conservée dans la bibliothèque de Sens sous la cote H. 78, n° 1, et remontant à l'an 1239[1].

Dans cette charte, F. Pierre, prieur de Saint-Jacques de Sens[2], annonce qu'il a obtenu des meuniers du moulin de la porte feu Galon[3] une prise d'eau qui arrive librement et sûrement dans les dépendances de son couvent par un conduit souterrain ; il s'engage à leur faire obtenir en échange une égale quantité d'eau de la Vanne, et dans le cas où le roi ou tout autre empêcherait l'arrivée ou diminuerait le volume de cette eau, à supprimer le conduit pendant la durée de l'empêchement ou à leur payer une indemnité sur estimation d'experts.

Il résulte de cette charte : 1° que l'eau de la Vanne, *aqua Vanne*, *aqua de bochello Vanne* arrivait à la porte Saint-Antoine, située au nord de la ville ; 2° que le volume de cette eau était considérable,

[1] Texte de cette charte :

Littera fratrum predicatorum pro conductu aque de bochello Vanne.

Omnibus presentes litteras inspecturis, frater Petrus, Sancti-Iacobi Senonensis prior qualiscumque, totiusque eiusdem loci conventus, salutem in Domino.

Noverint universi quod in recompensationem aque molendini venerabilium virorum : Hylarii, Felisii, Guillelmi ac Regnaudi, canonicorum Sancti-Petri in ecclesia Sancti-Stephani Senonensis, Iohannis de Roseto, carnificis, Garini de Trannis, Iohannis de Trannis, nepotis sui, et Roberti Mouton, civium Senonensium, siti extra claustrum Senonense, prope portam, que appellatur porta defuncti Galonis, que de cetero, sicut in litteris venerabilis viri O., officialis curie Senonensis continetur, per conductum nostrum subterraneum ad aisantiam nostram factum, libere ac quiete decurret, promissimus et concessimus quod tantum de aqua Vanne, que fluet ad molendinum et per ipsum molendinum, faciemus haberi, quantum per supradictum conductum decurret. Verum si a domino Rege vel a quocumque alio illius recompensationis aquam vel partem aque contingeret impediri, quotienscumque significaretur istud nobis a dictis comparticipibus molendini vel ab aliquo eorum, dictus cessaret conductus, donec de illo impedimento constaret, et tunc quando de illo constaret, idem conductus cessaret ex toto, donec ipsis comparticipibus restitueretur aqua illa que impediretur, vel ad plenum eis satisfieret secundum estimationem bonorum virorum super dampnis et deperditis que ipsi haberent occasione impedimenti predicti.

Promisimus insuper quod super hoc litteras prioris nostri provincialis eisdem faciemus haberi. Quod ut ratum et stabile sit, presentem cartulam sigillis nostris voluimus sigillari.

Actum anno Domini m° cc° tricessimo nono, menses Ianuario.

[2] Le couvent des Frères Prêcheurs se trouvait à l'ouest de la porte Saint-Antoine, dans l'emplacement occupé aujourd'hui par la sous-préfecture et le théâtre.

[3] Actuellement porte Saint-Antoine.

puisque les revenus du moulin [1], qu'elle faisait tourner, se partageaient entre huit associés *comparticipes :* quatre chanoines attachés à l'autel Saint-Pierre dans la cathédrale, et quatre laïcs qui sont qualifiés de citoyens Sénonais, *cives Senonenses* ; 3° que la prise d'eau dans la Vanne est soumise à un règlement ; et 4° enfin que la Vanne est alors du domaine royal, puisque le roi est l'autorité suprême qui accorde ou retire les concessions d'eau.

Si l'eau de la Vanne coulait en abondance sous les murs de Sens en 1239, par quel canal pouvait-elle y être amenée, sinon par le ru de Mondereau ? Et si le ru de Mondereau existait au commencement du treizième siècle, c'est que l'aqueduc romain avait cessé de couler.

[1] Ce moulin se trouvait alors dans la censive de Daimbert, de la Chapelle-sur-Oreuse, chevalier, qui, au mois de juillet de la même année, approuve une donation faite aux chanoines de Saint-Pierre par Théo de Langres, citoyen Sénonais, et Adeline, sa femme, d'une rente de un sextier de froment et autant d'orge à prendre sur ce moulin, dont le quart leur appartenait. — Autre charte conservée sous la cote G. 117, n° 1, dans la Bibliothèque de Sens.

CHAPITRE XIII

DÉTAILS TECHNIQUES

Les sources. — L'aqueduc de Sens dérivait au moins trois sources : Noé, le Miroir de Theil et Saint-Philbert ; on n'en saurait douter après avoir lu l'intéressante notice de M. Julliot. Il est même très-probable qu'il en prenait une quatrième, la source de Vareilles, qui jaillit dans une vallée secondaire, à 2 500 mètres environ de Saint-Philbert.

On trouve les ruines d'une branche d'aqueduc dans le vallon de la Faucaudrie, qui se relie à la vallée de la Vanne à Malay-le-Vicomte ; aujourd'hui il ne coule dans ce vallon, ni ruisseau, ni source. La présence de l'aqueduc fait présumer qu'il y existait autrefois, un écoulement d'eau pérenne quelconque, mais dont il ne peut être question ici, puisqu'il n'en reste aucune trace.

Débit des sources. — Les quatre sources que je viens de nommer sortent toutes de la craie à silex. J'en ai déjà parlé dans le premier volume de cet ouvrage, et j'aurai occasion d'y revenir en décrivant l'aqueduc de la Vanne.

Les sources achetées par la ville de Paris, Saint-Philbert, le Miroir et Noé, ont été jaugées régulièrement dans ces dernières années. Il n'en a pas été de même de Vareilles, qui n'appartient pas à la ville. Il y a donc quelque incertitude sur son débit. Elle a néanmoins été jaugée dans une année très-sèche (1858), où elle ne donnait plus que 37 litres d'eau par seconde.

La portée des trois autres sources est déterminée tous les mois; on a choisi, pour chacune des trois années indiquées ci-dessous, le mois qui a donné le plus bas débit.

ANNÉE TRÈS-HUMIDE (OCTOBRE 1867)

	LITRES PAR SECONDE
Vareilles	100?
Saint-Philbert	122
Miroir de Theil	170
Noé	81
TOTAL	473

ANNÉE ORDINAIRE (NOVEMBRE 1869)

Vareilles	100?
Saint-Philbert	102
Miroir de Theil	109
Noé	49
TOTAL	360

ANNÉE TRÈS-SÈCHE (SEPTEMBRE 1874)

Vareilles	37?
Saint-Philbert	88
Miroir de Theil	82
Noé	38
TOTAL	245

DÉBITS PAR VINGT-QUATRE HEURES

	MÈTRES CUBES
Année humide (1867)	41 800
Année ordinaire (1869)	31 800
Année très-sèche (1874)	21 200

L'aqueduc de Sens portait donc, du temps des Romains, un très-grand volume d'eau. Même en temps de très-basses eaux, son débit était égal à celui d'un des grands aqueducs de la Rome moderne, de la Felice. En était-il encore ainsi au moyen-âge? Le récit de M. Julliot nous laisse, sur ce point, dans une grande incertitude; les anciennes traditions et les légendes ne parlent qu'en termes vagues du débit des fontaines de la ville, cela se conçoit : un des textes cité par M. Julliot dit que la fontaine de la « Pierre-au-Lait » jetait *gros comme le corps d'un homme* et ne pouvait rien dire de plus précis. Mais ce qui paraît singulier, c'est que le point de départ de cette eau ne soit pas indiqué nettement, que les uns le fixent à Vareilles, d'autres à Saint-Philbert : c'était cependant un fait facile à vérifier, même dans les temps anciens.

A l'époque gallo-romaine, la ville de Paris ne possédait que l'aqueduc d'Arcueil, dont la portée, en temps ordinaire, ne dépassait pas 1 000 mètres cubes, et tombait à 300 mètres cubes par 24 heures. Dans une année très-sèche, comme 1874, Sens recevait donc 70 fois plus d'eau que Paris.

Analyse de l'eau des trois sources. — J'ai déterminé, le 30 août 1860, le titre hydrotimétrique de Saint-Philbert, que j'ai trouvé égal à. . . . . 19°,50

Celui de Theil, qui s'élève à. . . . . 17°,33

Antérieurement j'avais essayé l'eau de Noé, dont le titre est. . . . . 18°,30

Ces essais cadrent autant que possible avec les résultats des analyses suivantes, faites au laboratoire de l'école des ponts et chaussées, par M. Mangon, membre de l'Institut :

Eaux puisées le 25 mars 1862

GAZ DISSOUS RAMENÉS A ZÉRO ET A LA PRESSION DE $0^{m},760$
(MOYENNE DE DEUX ANALYSES)

	CENTIM. CUBES PAR LITRE
Acide carbonique.	21,1
Oxygène.	6,0
Azote	14,1
TOTAL.	41,2

DÉSIGNATION DES SUBSTANCES	SUBSTANCES SOLIDES PAR LITRE		
	SAINT-PHILBERT	LE MILOIR	NOÉ
	gr.	gr.	gr.
Résidus insolubles dans les acides faibles. . .	0,008	0,008	0,010
Alumine et peroxyde de fer.	0,001	0,001	0,001
Chaux.	0,087	0,096	0,101
Magnésie.	0,003	0,005	0,006
Alcalis.	0,006	0,006	0,006
Chlore.	0,002	0,003	0,002
Acide sulfurique.	0,008	0,007	0,007
Eau combinée et matières organiques. . . .	0,007	0,004	0,015
Acide carbonique et matières non dosées. . .	0,070	0,075	0,074
RÉSIDU TOTAL.	0,192	0,205	0,220

Cette composition des gaz et des matières fixes en dissolution dans l'eau, est considérée comme excellente par tous les physiologistes : l'eau des sources de la Vanne est très-propre à tous les usages domestiques. J'ai démontré que les titres hydrotimétriques indiqués ci-dessus correspondent à la limite des eaux incrustantes, c'est-à-dire que l'eau des sources peut circuler tranquillement dans un aqueduc ou une conduite, sans y former de dépôts calcaires. Agitée violemment par les roues d'un moulin, par les pompes d'une machine de refoulement ou par la chute d'une fontaine, elle peut perdre une certaine quantité d'acide carbonique et former des dépôts calcaires, mais peu considérables. C'est ce qui a été constaté dans l'aqueduc de Sens ; presque partout on ne trouve à la surface des parois que la légère couche de matières noirâtres qu'une eau non incrustante laisse sur les corps solides qu'elle a baignés pendant longtemps. On a cependant trouvé, dans le faubourg Saint-Savinien, une couche de sédiment calcaire sur une certaine longueur, entre les sondes n°s 53 et 54, principalement sur le radier. Ce dépôt est très-dur et blanchâtre ; il a 0^{m},022 d'épaisseur, comme l'indique le croquis ci-contre. Il est certain qu'il ne s'est pas déposé pendant que l'aqueduc était en ser-

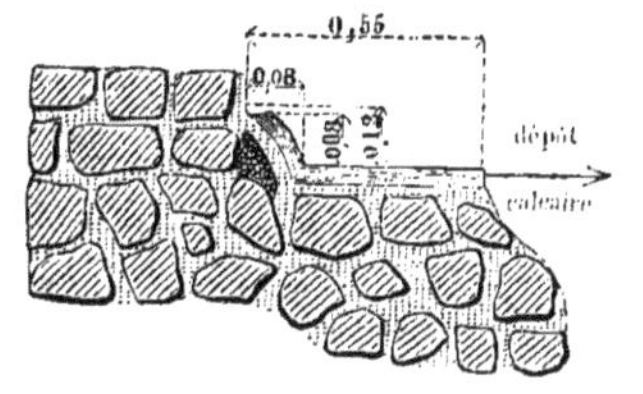

vice, puisque, s'il en était autrement, on devrait le retrouver aussi dans les autres parties de la cunette mises à découvert par nos sondes, ce qui n'a pas lieu.

Limpidité, température. — L'eau des trois sources est admirablement limpide et très-agréable à boire. Jamais, depuis 1860, la source de Saint-Philbert ne s'est troublée. Les sources du Miroir et de Noé deviennent légèrement opalines à la suite de très-longues pluies. On prend tous les jours la température de l'eau, qui a varié de 11°,6 (25 septembre 1874) à 10°,5 (9 février 1875).

Mode de captation. — Les quatre sources proviennent de nappes profondes et arrivent au jour par de véritables cheminées de puits artésiens forées dans la craie compacte. Ces cheminées sont remplies de cailloux à Saint-Philbert, à Theil et à Noé, et de limon à Vareilles. Elles ont la plus grande analogie avec ce qu'on nomme en Champagne *bime*, en Basse-Bourgogne *abîme*, en Gâtinais *abîme ou gouffre*; seulement, pour qu'on lui applique son nom, un bime doit être béant et non rempli de cailloux. Tel est le Bime de Cérilly, belle source que la ville de Paris possède dans une vallée secondaire du bassin de la Vanne.

Ces sources sont donc sans relation avec la nappe d'eau superficielle des puits. On peut pratiquer des tranchées à une très-petite distance de leur point d'émission sans les déplacer, et les relever d'une certaine quantité sans trop craindre de les perdre. C'est ce qu'ont fait les Romains à Noé et à Saint-Philbert.

Le niveau de l'eau dans le bassin de captation, à Noé, était à l'altitude. . . . . 89^{m},46

Originairement la source jaillissait certainement au pied du coteau à. . . . . 85^{m},20

Relèvement opéré par les Romains. . . 4^{m},26

A quelques mètres de la source de Saint-Philbert, le radier de l'aqueduc romain est à l'altitude. 90m,43

Le plan d'eau actuel de la source est à. 89m,07

Relèvement de la source. . . . 1m,36

La source jaillissait, dans l'origine, au niveau du marais, à 0m,60 plus bas qu'aujourd'hui. Le relèvement total a donc été de 1m,96.

La source de Theil était, au contraire, à 0m,93 au-dessus du niveau du radier de l'aqueduc qui passait tout à côté. Cette différence d'altitude fait présumer qu'elle a été captée comme les deux autres, quoiqu'on ne trouve pas trace d'ouvrage romain dans son bassin : aucun constructeur d'aqueduc ne passerait près d'une si belle source sans la prendre, lorsqu'il peut le faire sans difficulté.

Lorsque nous avons acheté la source de Noé pour le compte de la ville de Paris, elle était encore renfermée dans le bassin de captation des Romains. Le diagramme suivant fait voir la disposition de ce bassin.

L'eau sortait du pied du mur figuré sur ce croquis, par six barbacanes ou griffons, dont cinq sont encore visibles. Le dessus

Bassin de captation de la source de Noé.

de ce mur est d'origine moderne et soutient le chemin de Noé à Theil ; mais le bas, appareillé en petits moellons, est au contraire une véritable maçonnerie romaine. L'eau s'élevait, dans le bassin, à l'altitude 89m,46, à 1 mètre environ au-dessus du radier de l'aqueduc, dont les ruines se voient à droite, à l'altitude 88^{m},51.

Ce niveau de l'eau correspond à la ligne supérieure de l'appareil couvert de hachures verticales. Ce bassin, dans ces derniers temps, servait de bief au moulin de Noé, qui profitait de tout le relèvement de la source. L'eau à l'aval de la roue était sensiblement à l'altitude 85^{m},20; le relèvement était donc de 4^{m},26, comme je l'ai dit ci-dessus. Le diagramme ci-contre donne l'élévation d'un des griffons; au-dessous de la dalle qui le recouvre, l'appareil de petits moellons est remplacé par un bétonnage formé de cailloux et de mortier de chaux.

Détails d'un Griffon.

Une autre source jaillissait aussi à quelque distance de là, du pied du même mur, et à un niveau moins élevé. C'était une perte évidente de la source de Noé. Nous avons exécuté des travaux souterrains considérables dans le coteau, pour rechercher l'origine de ces deux belles sources. Une galerie souterraine exécutée autour de la source de Noé, à un niveau inférieur à celui du plan d'eau du bassin romain, n'a donné que des suintements insignifiants; en abaissant ce plan d'eau au niveau de la prairie, c'est-à-dire d'environ 4 mètres, nous avons réuni les deux sources au fond de la tranchée.

Cette double expérience prouve que les deux sources sortaient de la même nappe d'eau, emprisonnée sans doute sous un banc de craie compacte, et qu'elles arrivaient au jour par deux fissures de ce banc de craie.

Pentes de l'aqueduc[1]. — On se demande pourquoi l'ingénieur romain a cru devoir relever le niveau de ces sources, ce que rien

[1] Voir le profil en long de l'aqueduc.

ne justifierait aujourd'hui. En effet, la source de Noé, à son état naturel, était à l'altitude. 85m,37

Le radier de l'aqueduc romain à la sonde n° 51, à l'entrée de Sens, à. 77m,69

différence. 7m,68

cette différence divisée par la longueur de l'aqueduc, 11 kilomètres, donne une pente kilométrique de 0m,68, qui est plus que suffisante; en prolongeant l'aqueduc avec la même pente, sur 4 kilomètres, jusqu'à Saint-Philbert, on arriverait à cette source avec une côte de radier de 87m,91, c'est-à-dire à 1m,16 au-dessous du plan d'eau actuel de la source. On pouvait ainsi la capter sans changer son niveau. Il y a donc eu un motif grave qui a décidé l'ingénieur romain à adopter un profil si singulier. Très-probablement on s'était contenté d'abord de la source de la vallée de la Faucaudrie, aujourd'hui perdue; on a naturellement construit l'aqueduc avec la plus grande pente possible. On a été ainsi amené à lui donner une pente kilométrique de 1m,02 dans la vallée de la Vanne. Cette hypothèse est d'autant mieux justifiée que les deux aqueducs de Sens à Malay-le-Vicomte et de la Faucaudrie sont construits dans le même système, *sans enduit*, tandis qu'en amont, entre le chemin des Fleuris et Saint-Philbert, l'aqueduc est partout revêtu d'*un enduit intérieur*. L'aqueduc de la Faucaudrie était donc le prolongement de celui de la grande vallée.

Plus tard, lorsque par une raison quelconque, on s'est décidé à capter la source de Noé, on n'a pas voulu reconstruire l'aqueduc entre Sens et le chemin des Fleuris, on l'a prolongé presque avec la même pente kilométrique, 0m,937, jusqu'à Noé; mais alors le radier de l'aqueduc s'est trouvé à 4m,26 au-dessus du niveau de la source, qui a dû être relevé de cette quantité.

Plus tard encore, lorsqu'on a voulu jeter dans l'aqueduc la source de Saint-Philbert, on a prolongé la galerie souterraine sur une longueur de 4000 mètres, et cette fois avec une pente kilométrique réduite à 0m,50.

En opérant cette réduction, l'ingénieur romain a cru atteindre la limite du possible, car il est arrivé à Saint-Philbert à $1^m,36$ au-dessus du niveau actuel de la source, ce qui l'a obligé à faire un relèvement du plan d'eau d'autant plus dangereux, que la source touchait pour ainsi dire le marais dans lequel elle pouvait se perdre, et cependant il y avait, entre le radier de l'aqueduc de Noé et le plan d'eau actuel de la source de Saint-Philbert, une pente kilométrique de $0^m,19$, que nous jugerions plus que suffisante aujourd'hui.

On doit conclure de là que les ingénieurs romains considéraient une pente kilométrique de $0^m,50$ comme une limite au-dessous de laquelle il n'était pas prudent de descendre, en raison de l'imperfection de leurs instruments de nivellement. Cette opinion est complétement justifiée par l'examen du profil en long de l'aqueduc de Sens : la pente kilométrique change à chaque pas, même dans les terrains parfaitement réguliers, où l'on était maître d'adopter une pente absolument uniforme, par exemple entre Saint-Philbert et la source de Noé. C'est ce qu'on voit sur le tableau suivant :

INDICATION DES SONDES	LONGUEURS		PENTES KIL.
	m.		m.
Entre 2 et 3	240		0,10
— 3 et 4	300		0,27
— 4 et 5	330		0,30
— 5 et 6	400		0,38
— 6 et 7	48	contre-pente de	0,14
— 7 et 8	77		0,13
— 8 et 9	375		0,51
— 9 et 11	820	(source du Miroir)	0,01
— 11 et 12	550		2,47
— 12 et 14	660	(source de Noé)	0,41

Sans parler de la contrepente de $0^m,14$ qui existe entre les profils 6 et 7, on reconnaît, à l'inspection de ce tableau, que les pentes kilométriques des 4000 mètres d'aqueducs compris entre Saint-Philbert et Noé varient de $0^m,01$ à $2^m,47$. On trouverait des différences aussi fortes et aussi peu motivées dans le reste de la longueur de l'aqueduc, ce qui justifie ce que j'ai dit du chorobate, qui était certainement un mauvais instrument de nivellement[1]; les anciens ne pouvaient donc tracer leurs aqueducs avec les pentes kilométriques de $0^m,10$ à $0^m,12$, que j'ai adoptées pour les aqueducs de la Vanne et de la Dhuis : ils auraient été trop souvent en contrepente et sur de très-grandes longueurs.

Le niveau des sources de Saint-Philbert et de Noé ayant été ainsi relevé, il a été très-facile, dans le moyen-âge, lorsque les derniers vestiges de l'administration romaine eurent disparu, de retirer les deux eaux de l'aqueduc; il a suffi pour cela de démolir quelques assises des bassins de captation.

La longueur de l'aqueduc d'après le profil en long de cet ouvrage, entre Saint-Philbert et l'enceinte fortifiée de Sens, était de. . . . . $14^k,2$

En ajoutant à ce nombre la distance comprise entre les sources de Saint-Philbert et de Vareilles. . . . $2^k,5$

On a pour la longueur totale de l'aqueduc[2]. . . . $16^k,7$

C'était un très-grand ouvrage.

État de conservation de l'aqueduc. — Les restes de l'aqueduc ont été mis à découvert, en 45 points, qui sont indiqués sur le profil en long par des numéros d'ordre. L'ouvrage est intact sur 20 de ces points; aux autres sondages, la voûte et une partie plus ou moins grande des piédroits sont ruinés.

D'après la description de M. Julliot les ruines ont absolument disparu : 1° là où l'aqueduc était supporté par des substructions, c'est-à-dire à la traversée des vallées de la Vanne, de la Faucaudrie, près de Malay-le-Vicomte et du clos de Noé;

[1] Voyez ci-dessus pages 63 et suivantes.

[2] Il existe quelques incertitudes sur les longueurs, parce que le mesurage entre les sondes a été fait au pas, ce qui est regrettable.

2° dans les lieux habités, suivant toute probabilité dans la traversée de Sens, à Malay-le-Vicomte, à Theil et à la source même de Saint-Philbert. Les matériaux de construction étant rares et chers dans la vallée de la Vanne, chacun a pris ce qui était à sa convenance, en démolissant l'aqueduc. Les parties en relief au-dessus du sol, les arcades et les substructions ont été démolies entièrement, cela devait être. On a, au contraire, laissé subsister hors des lieux habités, les parties de cunette construites sous le sol, dont la démolition exigeait des fouilles dispendieuses.

On se demandera, en voyant sur la carte le rapprochement de notre aqueduc et de l'ouvrage romain, pourquoi nous n'avons pas fait usage de ces restes si bien conservés, au moins entre Saint-Philbert et la sortie de Theil, sur une longueur d'environ 2 500 mètres? Ce que j'ai dit du profil en long de l'aqueduc ancien prouve que cela n'était pas possible, puisque le radier est partout au-dessus du niveau de nos sources, excepté à Theil.

Forme de l'aqueduc. — En examinant les coupes de l'aqueduc relevées avec grand soin par M. Braye, on reconnaît facilement que cet ouvrage a été construit à diverses époques.

C'est entre Sens et Malay-le-Vicomte que se trouve l'aqueduc le plus ancien. La section de la maçonnerie est un rectangle de 2^m,70 de hauteur et de 1^m,77 de largeur; la largeur de l'aqueduc est de 0^m,60 aux naissances de la voûte, et de 0^m,54 au niveau du radier; sa hauteur sous clef est de 1^m,50. Il résulte de ces dispositions que l'épaisseur des parois est d'environ 0^m,60. L'aqueduc était stable par lui-même et n'avait pas besoin de l'appui des terres pour se soutenir.

En voici une preuve décisive. Entre les sondes n^{os} *44* et *44 bis,* près de Malay-le-Vicomte, l'aqueduc a été mis à découvert dans une sablière, sur une longueur d'environ 20 mètres, et de plus a été excavé en dessous sur 13 mètres. Il soutient tout un côté de la sablière, depuis plusieurs années. Je crois devoir donner ici la coupe de cette excavation, avec l'élévation de l'aqueduc.

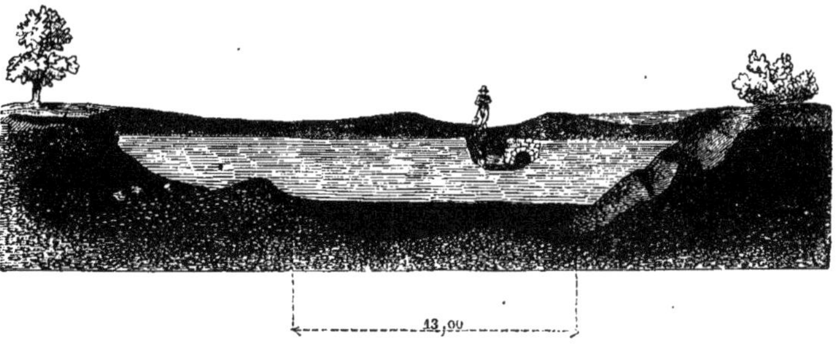

Élévation de l'aqueduc dans la traversée de la sablière de Malay-le-Vicomte.

Cette exagération des dimensions des maçonneries se retrouve dans tous les ouvrages anciens et se justifie par le prix peu élevé de la main-d'œuvre. Ce qui paraît plus extraordinaire, c'est que cette première partie de l'aqueduc n'ait pas été enduite; ce revêtement, qui nous semble si indispensable, manque partout entre Sens et le chemin des Fleuris, et l'on trouve à la place un mince dépôt de ces matières noirâtres que le long contact de l'eau laisse à la surface des maçonneries.

L'aqueduc qui descend du vallon de la Faucaudrie et qui se soudait, près de Malay-le-Vicomte, à l'aqueduc que je viens de décrire, est construit dans le même système. En voici la coupe. Il a été construit en souterrain, dans la craie compacte, comme l'indique cette coupe. Aussi a-t-on économisé le cube des déblais et par suite celui de la maçonnerie : la largeur de l'aqueduc est réduite à $0^{m},40$ et sa hauteur à $1^{m},20$, l'épaisseur des parois n'est que de $0^{m},20$ et $0^{m},30$, et l'extrados de la voûte est de forme circulaire. Mais ce qui est caractéristique, c'est que l'enduit manque, comme dans le grand aqueduc entre Malay-le-Vicomte et Sens. J'ai déjà dit que la source dérivée par cet aqueduc n'était plus apparente aujourd'hui. Il est très-probable qu'elle aura été perdue par maladresse, dans les temps anciens. Nous savons, en effet, que dans les vallées secondaires des terrains crayeux, il existe quelquefois des sources situées à une assez grande hauteur au-dessus des vallées principales. Telle est, par exemple, la source de la vallée de Vareilles, qui jaillit à 20 mètres environ au-dessus de celle de Saint-Philbert, située au bord des marais de la Vanne (voir la carte). Il arrive souvent qu'on perd ces sources dans des fissures sèches de la craie, lors-

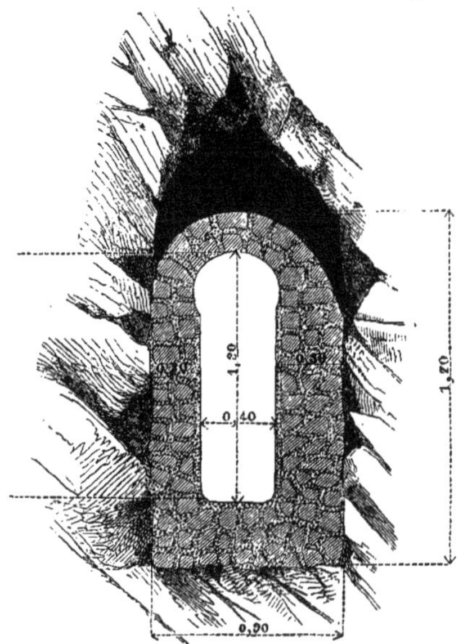

Coupe de l'aqueduc de la vallée de la Faucaudrie, à 300 mètres de la sonde 32.

qu'on les dérive sans précaution. Quoi qu'il en soit, il est certain que l'aqueduc de la Faucaudrie n'a pas été construit sans objet, et il est probable qu'il dérivait la première source conduite à Sens.

Il est également bien démontré que la deuxième source captée est celle de Noé; il ne peut s'élever aucun doute à ce sujet, puisque les ouvrages romains existent encore dans le bassin même de la source; entre Noé et le vallon de la Faucaudrie, l'aqueduc diffère de ceux qui viennent d'être décrits par un caractère essentiel : il est, comme le fait voir la coupe ci-contre, revêtu d'un enduit, composé de chaux grasse et de brique pilée, comme tous les enduits des maçonneries romaines. Les dimensions de cet ouvrage sont, du reste, presque les

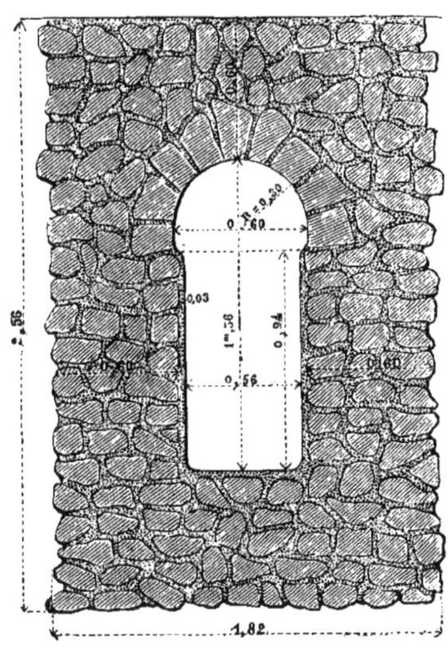

Coupe de l'aqueduc entre Noé et le vallon des Fleuris, sonde n° 16.

mêmes que celles de l'aqueduc de Malay à Sens. Les pieds-droits n'ont pas de fruit et pour simplifier la pose des cintres de la voûte, on a élargi un peu l'aqueduc au niveau des naissances. On a ainsi pu supprimer les cadres en bois, qui nécessairement ont été employés pour soutenir le cintre dans la construction de l'aqueduc entre Malay et Sens.

Dans les coupes de l'aqueduc données ci-dessus, les voûtes sont en moellons de grés grossièrement appareillés en voussoirs; le reste de la maçonnerie est formée de cailloux de craie, de mortier de chaux grasse et de sable de carrière. Il faut attribuer la bonne conservation de l'aqueduc à la grande perméabilité du sol : le mortier a durci tranquillement sans être délayé ni par les eaux extérieures, qui jamais n'ont pu séjourner dans la tranchée où l'aqûeduc a été construit, ni par les eaux intérieures dans les parties revêtues d'un enduit. Il n'est pas aussi facile d'expliquer la conservation de la chaux dans les parties d'aqueduc où l'enduit manque, par exemple entre la Faucaudrie et Sens.

Coupe en long de l'aqueduc et regard à 792 mètres en aval de de la source de Noé.

La coupe qui précède est celle de l'aqueduc entre Saint-Philbert et Malay; elle fait voir la disposition des regards. L'ouverture est de forme carrée, de $0^m,66$ de côté et de $0^m,15$ de hauteur, puis elle devient cylindrique et de $0^m,45$ de diamètre sur une hauteur de $0^m,40$. Elle est pratiquée dans un bloc de craie de forme carrée de $1^m,20$ de côté et de $0^m,55$ d'épaisseur; en dessous, la cheminée a la dimension ordinaire de nos regards, $0^m,80$.

Mais ce qui est très-original et que je n'ai vu dans aucun dessin d'aqueduc, c'est que la fermeture était opérée par un tampon également en craie compacte, *taillé en forme de bouchon.* La manœuvre de ce tampon devait être fort difficile, et il est probable qu'on s'était donné cette gêne intentionnellement, pour empêcher des habitants du voisinage de découvrir les regards pour puiser de l'eau dans l'aqueduc.

Distribution de l'eau. — D'après M. Julliot, on n'a découvert jusqu'ici aucune trace de distribution dans l'intérieur de la ville, ni château d'eau, ni conduite en plomb.

On ferait certainement des découvertes intéressantes en ouvrant des tranchées longitudinales dans les principales rues. D'après la règle admise dans la plupart des villes romaines, il y avait un château d'eau à l'entrée de la ville : *Cumque venerit ad mœnia efficiatur Castellum,* dit Vitruve. En jetant les yeux sur le profil de l'aqueduc, on voit que le radier de ce château d'eau devait être à l'altitude 77^{m},69; cette cote permettait de faire une bonne distribution de rez-de-chaussée dans toute la ville ; en effet, le point le plus élevé de la Grand'Rue, d'où sort aujourd'hui l'eau du Mondereau, qui sert à laver les rues de Sens, est à l'altitude 75^{m},17. — Le pavé de la place de la cathédrale où se trouvait la dernière fontaine dont il est question dans la description de M. Julliot, est à l'altitude 74^{m},39. Le point le plus bas des rues à arroser est, près du pont de l'Yonne, à 68^{m},69 ; enfin, l'étiage de l'Yonne, au pont de Sens, est à 62^{m},45.

Le sol de la ville s'abaisse donc presque régulièrement depuis le point d'arrivée de l'eau au faubourg Saint-Savinien, jusqu'à l'Yonne, condition très-favorable pour faire une bonne distribution, et quoique l'aqueduc arrivât dans la ville à une très-petite hauteur au-dessus du pavé de la rue, l'eau devait atteindre facilement tous les rez-de-chaussée. Les anciens ne demandaient pas autre chose à leurs aqueducs. Je ne crois pas qu'ils aient jamais fait des distributions d'étages.

Il n'est pas probable que l'eau ait été conduite depuis le château d'eau jusqu'à la fontaine de la place de Saint-Étienne, par la galerie souterraine découverte, suivant le récit de M. Julliot, entre la rue du Plat-d'Étain et cette place. L'eau aurait été *forcée* dans cette galerie, au moins à son arrivée à la fontaine; jamais les Romains n'ont fait de conduites forcées en maçonnerie, par la raison bien simple qu'ils ne connaissaient pas la chaux énergique et à prise rapide, improprement nommée *ciment romain*. Ou bien l'aqueduc était en relief au-dessus du sol, soutenu par des substructions, ou bien la distribution se faisait, à partir du château d'eau par des conduites en plomb (*fistulæ*) ou en poterie (*tubuli*). Cette dernière hypothèse est la plus probable et quelques tranchées ouvertes dans les rues de Sens lèveraient la difficulté.

La galerie dont il est question ci-dessus était simplement un égout : des ouvrages de ce genre étaient indispensables dans le voisinage des châteaux d'eau et des fontaines, en raison de la grande abondance de l'eau dérivée. Sans cela les rues de Sens auraient été constamment, non pas lavées comme elles le sont encore aujourd'hui, mais submergées.

Il est à croire que les quatre sources qui alimentaient l'aqueduc pendant la domination romaine, furent, à partir de la grande invasion des Francs, successivement détournées de l'aqueduc par les entreprises des riverains. Ainsi dans les textes recueillis par M. Julliot, il n'est jamais question des sources de Noé et du Miroir de Theil : les fontaines de Sens étaient alimentées, suivant ces anciennes chroniques, par les sources de Vareilles et de Saint-Philbert. La légende conservée dans le souvenir des vieillards du pays ne parle même que de la fontaine de Vareilles. J'ai dit plus haut qu'il suffisait de quelques coups de pioche pour jeter Noé hors de l'aqueduc; quoiqu'il fût plus difficile d'en détourner la source du Miroir, il est assez probable que le seigneur de Theil ne se gêna pas beaucoup, aux époques si troublées du moyen âge, pour s'approprier une si belle source. Il suffisait d'une simple négligence d'entretien pour faire retomber Saint-Philbert dans le marais de la Vanne. Vareilles, qui jaillit d'un gouffre profond, *d'un bîme*, disent les gens du pays, résista plus longtemps aux entreprises des riverains, et c'est pour cela sans doute qu'il est surtout question de cette source dans les chroniques et les légendes. Cela veut-il dire que c'est la dernière qui resta dans l'aqueduc !

Ru de Mondereau. — D'après le récit de M. Julliot, l'aqueduc a porté ses eaux aux fontaines de Sens, jusqu'à l'époque où fut ouvert le ru de Mondereau, date un peu incertaine, mais qui paraît remonter au commencement du treizième siècle.

La ville puise 40 litres d'eau par seconde dans le ruisseau pour laver les rues, où l'eau coule jour et nuit. Il est infiniment probable que c'est le système romain qui s'est prolongé jusqu'à nos jours, et sous ce rapport une rue de Sens ressemble beaucoup à une rue de Pompéïes.

Les renseignements qui m'ont été donnés par M. de Luca[1] sur les dispositions du pavage de cette ville s'appliquent exactement à la ville gallo-romaine. Des pavés scellés en saillie, à la distance du pas moyen d'un homme, permettent de franchir les ruisseaux, aux carrefours des rues et en face de la porte d'entrée des maisons.

Ce mode de lavage des ruisseaux, qui ne serait pas tolérable dans les rues fréquentées d'une grande ville, est excellent à Sens, où la circulation des piétons et des voitures n'est jamais encombrante. Il rend les égouts à peu près inutiles et entraîne sans balayage, les eaux ménagères, qui ne répandent aucune odeur.

[1] Voy. ci-dessus, p. 164.

PIÈCES JUSTIFICATIVES

Page 3. — *C'est pour cela qu'il me paraît naturel de commencer l'histoire des travaux d'assainissement de Paris par une étude du système d'assainissement des villes antiques.*

Il peut paraître singulier que je remonte à une si haute antiquité pour chercher des exemples de construction d'aqueducs : si les grands ouvrages de ce genre sont rares au moyen âge et depuis la renaissance jusqu'au dix-neuvième siècle, on en trouve de nombreux exemples dans le second quart de ce siècle, surtout chez nos voisins d'Amérique ; tel est le magnifique aqueduc du Croton qui a si largement doté d'eau la ville de New-York. Mais cette eau provient d'une rivière et sans doute d'une région peu peuplée encore ; la ville de New-York peut défendre le cours supérieur du Croton contre les entreprises des riverains. Cela ne serait pas possible en France : dans un pays peuplé comme notre vieille Europe, tous les bords de rivière sont occupés, les riverains y ont des droits d'usage, les villes des droits d'égout ; l'eau des petites rivières est donc impotable et se gâte tous les jours de plus en plus par le développement de l'industrie. Nos fleuves eux-mêmes sont atteints et dès aujourd'hui, il est difficile de puiser une eau irréprochable dans leur lit. J'ai d'ailleurs démontré dans le premier volume de cet ouvrage, que la distribution d'eau de rivière ne constituait point en France une solution satisfaisante, parce que la population boit beaucoup d'eau et que la seule eau véritablement potable est celle des sources[1]. Je ne reviendrai pas sur cette discussion épuisée.

Je n'ai donc pu adopter le système de dérivation des Américains, ni même l'élégante solution qu'ils ont trouvée pour franchir sans ponts, leurs larges

[1] Voy. *La Seine, études hydrologiques*, chap. XXV, XXVI, XXVII, XXVIII et XXIX.

rivières. Après un mûr examen, j'ai reconnu que leurs conduites forcées aériennes étaient plus coûteuses que les ponts en maçonnerie légère qui portent nos siphons au-dessus des points bas des vallées.

Les Américains ont évité partout, et ils ont eu raison en cela, les hautes et dispendieuses arcades : avec leurs eaux de rivière à température variable, les arcades étaient inadmissibles.

J'ai été forcé par le peu de pente dont je disposais, d'adopter sur une large échelle, ce système d'aqueducs aériens ; en réalité les aqueducs que j'ai dû construire se rapprochent beaucoup plus des aqueducs romains, que des aqueducs américains ; c'est ce qu'on verra dans la description de l'aqueduc de la Vanne.

Page 5. — *Il existait très-certainement des aqueducs dans cette dernière ville (Jérusalem) du temps de Salomon.* Voici la description de ces ouvrages extraite du livre de notre intrépide voyageur, M. de Saulcy.

« Les rois de Juda firent pour leur capitale ce qui se fait aujourd'hui pour Paris. Il y avait à quelques lieues au sud de Jérusalem, des sources très-belles à Étham, sur la route d'Hébron ; et Salomon ne recula devant aucune dépense, devant aucune difficulté pour doter sa ville royale des eaux parfaites de ces sources. Trois immenses réservoirs furent taillés dans le roc vif à des niveaux successivement inférieurs, de manière que le premier, rempli directement par ces sources, déversât son trop plein dans le second, et celui-ci ensuite son propre trop plein dans le troisième, à partir duquel un aqueduc souterrain suivant les flancs des vallées, et faisant tous les détours nécessaires pour conserver une pente constante, conduisait les eaux jusqu'à Jérusalem. Ces trois réservoirs, qui sont véritablement une merveille, se nomment El-Bourak, et pour les chrétiens ce sont les vasques de Salomon. Au moyen âge, et probablement lorsque l'aqueduc fut réparé par le fils de Kelaoun, une forteresse nommé Qalâat-el-Bourak fut construite sur le flanc nord du réservoir supérieur, pour protéger et défendre au besoin cette prise d'eau. C'est aujourd'hui la demeure de quelques hommes préposés à la garde de ces vasques, qui pourtant n'envoient plus une goutte d'eau à Jérusalem ; quant à l'aqueduc, il s'appelle aujourd'hui (du moins dans le voisinage de Beït-Lehm et du tombeau de Rachel) Qanat-el-Koufar (canal des infidèles).

« C'est à la réparation de cet aqueduc que Ponce-Pilate employa une partie du trésor du temple, à la grande indignation de la nation juive. Au moyen âge, le soulthan d'Égypte El-Malek-en-Naser-Mohammed-Ibn-Kelaoun le fit réparer à son tour, et y établit un système de tuyaux de terre cuite, que l'on retrouve de temps en temps dans les parties dégradées et découvertes, lorsque l'on suit le trajet de cet aqueduc ruiné.

« Voici quel est ce trajet. A partir de la vasque inférieure, l'aqueduc longe, pendant près d'une lieue kilométrique, le flanc nord de la vallée d'Eurtâs; il remonte ensuite au nord en contournant de nombreux ravins pendant 3 kilomètres, jusqu'à Beït-Lehm, qu'il enveloppe complétement par un lacet de près d'une lieue pour reparaître au nord de Beït-Lehm, à 300 ou 400 mètres au plus du point où il s'est infléchi pour redescendre au sud-est, afin de tourner autour du village; puis il remonte au nord pendant une lieue environ. Arrivé à 1 kilomètre au sud du couvent de Mar-Élias, il court au nord-est, sur une longueur de 2 kilomètres, fait un contour de 1 500 mètres en redescendant au sud, il remonte ensuite au nord et au nord-ouest, sur une longueur de 5 kilomètres. Là, il traverse le Birket-es-Soulthan sur un pont aqueduc, et contourne ensuite le mont Sion pour entrer dans les flancs de cette montagne. Il vient enfin déboucher dans l'escarpement de roc qui dominait le Xystus et la vallée du Tyropœon, à l'ouest du temple, c'est-à-dire du Haram-ech-Chérif. La sortie de l'aqueduc est encore très-bien conservée en ce point, mais, à partir de là, il est complétement ruiné et a disparu. Depuis la source d'El-Bourak jusqu'à ce point, le développement total de l'aqueduc de Salomon est de 20 kilomètres au moins, et ce chiffre est certainement exact, à 1 kilomètre près.

On voit que les eaux d'Étham, puisque l'aqueduc qui les amenait aboutissait directement au temple, étaient plus spécialement destinées au service du culte. Cette prise d'eau avait trop bien réussi pour que les rois de Juda ne fissent pas quelque construction semblable pour subvenir aux besoins de la population. Ce furent cette fois les belles eaux de la source de Nephtoah, aujourd'hui Leftah, qui furent détournées et amenées à Jérusalem, Leftah n'est qu'à une lieue kilométrique au nord-ouest de Jérusalem, et un canal aqueduc, dont on retrouve encore les traces en quelques points, fut construit dans ce but.

« Ainsi que je l'ai dit en commençant, il faudrait faire des recherches longues et toutes spéciales, aujourd'hui impossibles, pour se rendre compte d'une manière absolue du système adopté par les rois de Juda pour compléter l'approvisionnement d'eau de leur capitale, mais ce que j'en ai dit, et ce que j'ai constaté *de visu*, est bien suffisant pour prouver que ces monarques avaient exactement fait, dans l'intérêt de Jérusalem, ce qu'une administration éclairée fait aujourd'hui dans l'intérêt de Paris[1]. »

D'après les renseignements qui m'ont été donnés par M. de Saulcy lui-même, la date de la construction de l'aqueduc ne saurait être mise en doute : elle remonte au temps de Salomon.

[1] De Saulcy. *Voyage en terre sainte.* 2e édition, t. II, p. 35.

Page 15. — *Il y a dans l'île de Cos*, etc. Voici la description de l'antique aqueduc qui alimente encore la ville de Cos.

« La ville de Cos, dit Strabon, n'est pas grande; mais elle se distingue par sa nombreuse population, et présente un aspect on ne peut plus agréable.....

« On voit dans la ville et hors des murs quelques fragments d'architecture, mais aucun monument. J'avais cependant appris qu'à deux lieues de la ville il existait une source qu'on appelait la fontaine d'Hippocrate; personne ne pouvait me dire si c'était un monument ancien. Nous nous y rendîmes avec le vice-consul de France et les officiers de *la Mésange*. Cette source, qui fournit les eaux à la ville, est située à mi-côte d'une montagne élevée; j'y reconnus une construction fort ancienne et d'un style assez singulier pour faire le sujet d'une planche.

« La source, qui sortait à une assez grande profondeur, a été mise à découvert par une tranchée dans le roc vif. Un canal de 31 mètres de longueur a été creusé pour donner une issue aux eaux; le tout a été revêtu d'une maçonnerie solide de pierre de taille. Le canal est en partie voûté, et en partie recouvert de plates-bandes; la prise d'eau se trouve dans une petite salle ronde voûtée en cône, de $10^{m},33$ de hauteur et de $2^{m},80$ de large dont la partie supérieure est percée, et forme par conséquent un puits en dehors.

« A moitié hauteur de la salle est une autre galerie qui est immédiatement au-dessus de celle dont j'ai parlé, et qui n'a que 11 mètres de longueur; elle est voûtée en plate-bande.

. . . .

« La montagne dans laquelle est taillée la fontaine appartient à la formation de la craie; les eaux sont portées à la ville par des canaux en poterie à fleur de terre; cette eau est de bonne qualité. Il faut croire qu'elle jouissait, dans l'antiquité, de quelques vertus thérapeutiques; car j'ai trouvé près du canal cette inscription :

Σαραπίδισι θεοις πᾶσι θεραπευσεις
Ἀπολλωνίδας Ἀλεξανδρεὺς Χαριστεὶα.

Remerciements à tous les dieux d'Alexandre Apollonide, qui a été guéri[1]. »

D'après la planche, la galerie a $0^{m},95$ de largeur et environ 2 mètres de hauteur. L'eau s'écoule par un canal taillé dans le roc. Au milieu il y a une saillie ou pilastre ; peut-être y mettait-on une porte ou une vanne.

Page 15. — *La ruine grecque la plus intéressante est, sans contredit, celle l'aqueduc de Patara, en Syrie.* Je trouve dans l'ouvrage de M. Texier,

[1] Charles Texier, *Description de l'Asie Mineure*, t. II, p. 312 et 313, pl. CXXXIII, Didot, éditeur, 1849.

la description de l'aqueduc de Patara en Syrie dont les ruines mériteraient à elles seules un voyage en Asie Mineure[1].

« Lorsque le jour vint éclairer notre retraite, nous aperçûmes le site le plus sauvage qu'il soit possible d'imaginer. Cependant il s'anima bientôt pour moi, car j'aperçus le sommet de la montagne couronné par une longue muraille cyclopéenne qui en suivait toute les ondulations.

. . . .

« La muraille est bâtie de blocs irréguliers formant deux parements dont l'intervalle est rempli par des débris réunis avec du sable. Les pierres du parement sont d'un volume considérable; aucune ne fait parpaing excepté dans la partie supérieure de la fabrique. Cette muraille est d'une magnifique conservation, mais elle a été restaurée dans les siècles postérieurs à sa fondation. On voit une partie construite en petites pierres en assises réglées et d'un petit appareil.

« Le couronnement de la muraille est composé d'une ligne de pierres de 0^{m},80 de hauteur, posées de champs et réunis par des joints très-serrés.

« Le bas de la muraille est entouré de buissons épais et presque impénétrables sous lesquels je me glissai avec peine. J'y observai plusieurs pierres carrées percées d'un trou circulaire dont la circonférence était en saillie d'un côté et en creux de l'autre. Je remarquai en même temps une multitude de fragments de poterie, tels que je les avais vus sur la pente, et je m'assurai qu'il provenaient de la destruction de grands tuyaux de briques qui filaient sur la muraille.

« Cette construction est un aqueduc; et si le système d'appareils à joints irréguliers est l'indice d'une haute antiquité, je ne pense pas qu'il existe d'aqueduc plus ancien. Ce monument est remarquable en ce sens, qu'il prouve qu'à une époque si reculée, les lois de l'hydraulique étaient déjà connues, au point qu'on savait que l'eau introduite dans les tuyaux fermés reprend son premier niveau.

. . . .

« La partie horizontale de la muraille fait avec la pente méridionale, un angle de 169 degrés et de 156 degrés avec la partie nord. Les eaux coulaient dans un canal formé de grosses pierres, qui s'ajustent entre elles à mortaise et tenon, et qui formaient un tube continu. Les fragments de poterie proviennent des premiers canaux, qui furent dans la suite remplacés par les pierres creuses que nous voyons, à moins qu'ils n'aient été eux-mêmes renfermés dans ces pierres pour empêcher plus complétement l'introduction de l'air. En montant dans la partie supérieure, on arrive au canal horizontal, qui est recouvert de grandes pierres plates, et dont le lit est fait de mortier et cailloux.

[1] Voir dans l'atlas la reproduction de la planche de M. Texier.

« J'ai suivi ce canal pendant trois quarts d'heure dans tous les détours qu'il fait sur la montagne; mais je n'ai acquis aucun indice de la source. Il n'y a rien d'étonnant qu'il en existe une à cette hauteur, puisque cette montagne est dominée par plusieurs autres beaucoup plus élevées.

« Du côté du nord, je n'ai pas suivi le cours de l'aqueduc. Peut-être conduisait-il les eaux à la ville de Patara, distance de cinq milles par mer de Kalamaki.

« La montagne de l'aqueduc domine une plaine à perte de vue et unie comme la mer.

. . . .

« La fondation de Patara remonte aux premiers âges de la civilisation hellénique[1]. »

La partie de l'aqueduc si clairement décrite par M. Texier était une conduite forcée, ce que nous appelons improprement *un siphon :* l'eau renfermée dans la conduite de pierres ou de briques, descendait sur la déclivité d'un coteau, traversait le fond de la vallée sur le sommet de la muraille cyclopéenne, et remontait la pente du coteau opposé; il n'est pas probable que les tuyaux en poterie aient été renfermés dans les tubes de pierre, comme l'indique M. Texier : il aurait été très difficile de les y ajuster à joints étanches. Est-il nécessaire de relever la petite erreur commise dans le récit qui précède? Lorsqu'une conduite forcée n'est pas étanche, *il n'y rentre pas d'air, il en sort de l'eau.* Je regrette que notre voyageur n'ait pas donné le diamètre des tubes de pierre et des tuyaux en poterie.

Il est assurément très-remarquable, lorsque tant de personnes soutiennent encore que les anciens ne connaissaient pas le siphon, qu'on trouve des ruines d'ouvrages de ce genre remontant à la plus haute antiquité, et construit dans un système que bien peu d'ingénieurs oseraient adopter aujourd'hui.

Page 16. — *Essai sur les aqueducs romains.* Le manuscrit de cet ouvrage appartient à la bibliothèque de l'Institut. Il a été présenté à l'Académie des sciences le 17 juillet 1871 par M. Dumas. Les comptes rendus de cette séance en contiennent un résumé. Enfin M. Dumas en a fait publier un extrait dans les *Annales de Physique et de Chimie*[2].

Page 74. — *Châteaux d'eau.* La plupart des châteaux d'eau étaient comme je le dis dans le corps de l'ouvrage, de simples cuvettes de distribution trop petites pour que l'eau s'y emmagasinât en quantité notable; ils se divisaient en châteaux d'eau publics et en châteaux d'eau privés.

[1] Charles Texier, *Description de l'Asie Mineure*, t. III, p. 192 et 193, pl. CLXIX; Firmin Didot frères, éditeur, 1849.

[2] *Annales de Chimie et de Physique*, 2e série, t. XXIII, 1871.

Il y avait d'autres châteaux d'eau qui étaient de véritables réservoirs; tels étaient notamment les châteaux d'eau des thermes.

Je donne dans l'atlas, les héliogravures de deux châteaux d'eau publics destinés à la répartition de l'eau de Claudia et d'un réservoir, celui des thermes du Gordiani[1].

Héliogravure III. — *Château d'eau de Claudia à Porta Furba, à 2 milles de Rome.* J'ai déjà dit dans le texte, quelques mots de cette curieuse ruine[2]. Tout ce qui se trouve à droite y compris la fontaine, appartient à l'aqueduc la Felice; le château d'eau était dans la tour qui s'élève à gauche. Une large brèche qui s'étend du haut en bas de cette tour, met à jour l'intérieur de l'édifice. Il va sans dire que les calices, les conduites en plomb et autres appareils de distribution, ont tous disparu; une double arcade dont on voit les ruines entre la fontaine et la tour soutenait la branche de l'aqueduc qui alimentait le château d'eau. *La cuvette de distribution* occupait donc seulement la partie de la tour, situé au-dessus de cette arcade et par conséquent *était très-exiguë. Ce n'était certainement pas un réservoir.*

Au travers du vide de l'arche, on voit Claudia sur ses hautes arcades avec les ruines d'Anio Novus au-dessus ; à gauche le double aqueduc se prolonge en traversant toute la plaine.

Héliogravure IX. — *Château de Claudia, au-dessus de l'arche de Dolabelle.* C'est encore *une cuvette de distribution* de très-petite dimension. On voit au sommet de l'édifice, sur le mur qui fait face et sur le mur latéral, les restes de la voûte qui couvrait l'appareil de distribution qui a complétement disparu. On est convaincu en examinant cet édifice assez important du reste, que cet appareil n'a jamais servi de réservoir.

Héliogravure XI. — *Château d'eau des thermes du Gordiani.* Cet édifice, beaucoup plus étendu que les deux dont il vient d'être question, était au contraire un réservoir, petit, mais très suffisant pour l'alimentation des thermes. Il a extérieurement la forme d'un carré, s'élève à une certaine hauteur au-dessus du sol et ressemble beaucoup à nos réservoirs modernes.

Les trois châteaux d'eau décrits ci-dessus, sont construits en briques.

Le mot *castellum* s'appliquait donc à des édifices très-différents et n'ayant pas du tout la même destination, dans la distribution de l'eau.

Page 102. — *Administration des eaux de Rome.* Le service des eaux était réglé par plusieurs sénatus-consultes rendus du temps d'Auguste, sous le consulat de Q. Ælius Tubero et de Paulus Fabius Maximus. Frontin nous a laissé le texte de ces lois.

Je n'ai pas cru devoir les reproduire *in extenso* dans le corps de l'ouvrage,

[1] L'empereur Gordien le Pieux, mort en l'an 244. Suivant M. Parker la construction du réservoir remonte à l'année 240 av. J.-C.

[2] Voy. p. 52.

elles sont évidemment mieux à leur place aux pièces justificatives. Je donne donc, non pas le texte latin de ces sénatus-consultes, mais la traduction de Rondelet[1]. Je les reproduis dans l'ordre où ils se présentent dans le corps de l'ouvrage.

Page 106. — *Aucun particulier ne pouvait tirer l'eau des canaux publics.*

« Les consuls Q. Ælius Tubero et Paulus Fabius Maximus ayant rapporté au Sénat, que certains particuliers tiraient immédiatement des canaux publics l'eau qui leur avait été accordée ; ils demandèrent au Sénat ce qu'il lui plaisait d'ordonner à ce sujet, sur quoi il a été arrêté : Qu'aucun particulier ne pourrait tirer l'eau des canaux publics ; que tous ceux qui auraient obtenu une portion d'eau seraient obligés de la tirer du château d'eau ; que les administrateurs des eaux seraient tenus d'indiquer aux particuliers les endroits, soit au dedans, soit au dehors de la ville, où ils pourraient placer convenablement leurs châteaux d'eau, desquels ils conduiraient l'eau qui leur aurait été délivrée en commun au château public par les administrateurs ; qu'enfin, il ne serait pas permis à ceux qui auraient le droit de jouir des eaux publiques, de se servir, pour conduire l'eau du château où ils la reçoivent, de tuyaux dont le diamètre soit plus grand que le quinaire, jusqu'à cinquante pieds de distance de ce château[2]. »

Page 107. — *Les bains publics jouissaient seuls de concessions perpétuelles.*

« Les consuls Q. Ælius Tubero et Paulus Fabius Maximus, ayant fait un rapport au Sénat sur la nécessité de fixer l'étendue du droit de ceux auxquels il était permis de conduire des eaux tant au dedans qu'au dehors de la ville, ont demandé au Sénat ce qu'il lui plaisait d'ordonner à ce sujet ; sur quoi il a été arrêté : Qu'à l'exception des eaux destinées aux bains publics, ou concédées au nom d'Auguste, toute concession d'eau serait maintenue tant que les mêmes possessenrs jouiraient du terrain pour lequel l'eau leur était accordée[3]. »

Page 110. — *Curateurs des eaux.*

« Les consuls Q. Ælius Tubero et Paulus Fabius Maximus, ayant fait un rapport sur l'organisation des curateurs des eaux publiques, nommés

[1] Tous ces sénatus-consultes commencent par la formule ordinaire : Quod. Q. Ælius. Tubero. Paulus. Fabius. Maximus. Coss. V. F. (Verba. Facientes.) de. . . . . D. E. R. Q. F. P. D. E. R. I. C. (De. Ea. Re. Quid. Fieri. Placeret. De. Ea. Re. Ita. Censuerunt.)

[2] FRONTIN, chap. CVI.

[3] FRONTIN, chap. CVIII.

de l'avis du Sénat par César-Auguste[1], ont demandé au Sénat, ce qu'il lui plaisait d'ordonner à ce sujet; sur quoi il a été arrêté : Que ceux qui sont chargés de l'administration des eaux, lorsqu'ils sont hors de la ville pour cause de leurs fonctions, aient deux licteurs, trois esclaves publics, un architecte pour chacun d'eux, des greffiers, des expéditionnaires, des huissiers, des crieurs, en nombre égal à celui accordé aux fonctionnaires qui distribuent le blé au peuple. Lorsqu'ils exerceront leurs fonctions dans la ville, ils auront, à l'exception des licteurs, le même cortége. De plus, l'état des appariteurs accordés aux curateurs des eaux, par le présent sénatus-consulte, sera, dans les dix jours de sa promulgation, par eux présenté au trésor public ; et ceux compris dans cet état recevront par an, du préteur du trésor, les mêmes salaires et rations qu'accordent et délivrent les préfets chargés de la distribution du blé ; cependant ils pourront recevoir la totalité en argent, pourvu que cela se fasse sans fraude. En outre, il sera fourni aux dits curateurs les tablettes, le papier et tout ce qui est nécessaire à l'exercice de leur fonctions. A cet effet, les consuls Q. Ælius et Paulus Fabius sont priés tous deux, ou l'un à défaut de l'autre, de se concerter avec le préteur du trésor, pour affermer ces fournitures[2]. »

Page 111. — *Lorsque les réparations étaient ordonnées, etc.*

« Les consuls Q. Ælius Tubero et Paulus Fabius Maximus, ayant fait un rapport au Sénat sur les réparations à faire aux canaux, conduits, souterrains et voûtes des aqueducs des eaux Julia, Marcia, Appia, Tepula et Anio, ont demandé au Sénat ce qu'il lui plaisait d'ordonner à ce sujet; sur quoi il a été arrêté : Que les réparations des canaux, conduits, souterrains et voûtes qu'Auguste-César a promis de faire à ses frais, seraient faites ; que tout ce qui pourrait être tiré des champs des particuliers, comme la terre, la glaise, la pierre, la brique, le sable, les bois et les autres matériaux nécessaires, après avoir été estimés par des arbitres, seraient cédés, enlevés, pris et transportés sans que personne puisse s'y opposer. Que, pour le transport de ces matériaux et la facilité des réparations, il serait pratiqué, toutes les fois que le besoin l'exigerait, les chemins ou sentiers nécessaires au travers des champs des particuliers en les dédommageant[3]. »

Page 111. — *Les édifices ne pouvaient être élevés et les arbres plantés, etc.*

« Les consuls Q. Ælius Tubero et Paulus Fabius Maximus, ayant parlé au Sénat sur ce que les chemins qui devaient régner le long des aqueducs qui

[1] L'an de la fondation de Rome, 743.
[2] Frontin, chap. c.
[3] Frontin, chap. cxxv.

amènent l'eau dans la ville se trouvaient interceptés par des monuments, des édifices et des plantations d'arbres, ont demandé au Sénat ce qu'il lui plaisait ordonner à ce sujet; sur quoi il a été arrêté : Que, pour faciliter les réparations des canaux et conduits, sans lesquelles ces ouvrages publics seraient bientôt dégradés, il leur plaisait qu'il y eût de chaque côté des fontaines, murs et voûtes des aqueducs, un isolement de quinze pieds. Quant aux conduits qui sont au-dessous de terre, et aux canaux qui sont dans l'intérieur de la ville, où se trouvent des édifices, il suffira de laisser un espace libre de cinq pieds de chaque côté. De sorte qu'à l'avenir il ne sera plus permis de construire des monuments ni des édifices, ni de planter des arbres qu'à cette distance. Les arbres qui existent actuellement dans cet intervalle seront arrachés, à moins qu'ils ne soient renfermés dans quelques domaines ou dans quelques édifices.

Que si quelqu'un contrevient en quelque chose à ce qui vient d'être prescrit, il sera condamné à une amende de dix milles sesterces, dont la moitié sera donnée comme récompense au dénonciateur, après qu'il l'aura convaincu du fait dont il l'accuse; l'autre moitié sera remise dans le trésor public : ce sont les administrateurs des eaux qui connaîtront de ces délits, et qui les jugeront[1]. »

Page 116. — *Le nombre des fontaines publiques construites par M. Agrippa, ne pouvait être ni diminué ni augmenté.*

« Les consuls Q. Ælius Tubero et Paulus Fabius Maximus, ayant fait un rapport sur le nombre de fontaines établies par M. Agrippa dans la ville et dans l'intérieur des édifices attenants à la ville, conclurent par demander au Sénat, ce qu'il lui plaisait d'ordonner à ce sujet; sur quoi il a été arrêté : Que le nombre des fontaines publiques ne serait ni augmenté, ni diminué, et que celles qui existent seraient enregistrées. Il est, en outre, ordonné à ceux qui sont chargés de ce soin par le Sénat de surveiller les eaux publiques, et de constater le nombre des fontaines. Que les administrateurs des eaux nommés par César-Auguste, et confirmés par le Sénat, seraient tenus, d'après ce sénatus-consulte, de veiller à ce que les fontaines publiques coulent très-exactement pendant le jour et la nuit pour l'usage du peuple[2]. »

Page 138. — *Des lois très-sévères furent rendues pour réprimer ces derniers abus.*

« Le consul T. Quinctius Crispinus ayant convoqué légalement le peuple, et le peuple étant assemblé dans le Forum, auprès du temple du divin César, la veille du jour qui précède les ides de juillet, la tribu Sergia, à

[1] FRONTIN, chap. CXXVI.
[2] FRONTIN, chap. CIV.

qui il échut de parler la première, fit choix de Sextus Varron, fils de Lucius, pour donner son suffrage sur la loi suivante. Quiconque, après l'acceptation de cette loi, aura, par mauvaise intention et à dessein, percé, rompu, ou tenté de percer ou de rompre les canaux, les conduits souterrains, les tuyaux, châteaux d'eau, réservoirs dépendants des eaux publiques, ou qui aura fait pis, pour diminuer le cours des eaux ou de quelques portions, et de les empêcher de se répandre, de couler, de parvenir et d'être conduites dans la ville de Rome, ou même qui aura entravé la distribution dans les édifices de Rome et dans ceux qui sont attenants à la ville, ou le seront à l'avenir; dans les jardins, les domaines de ceux à qui l'eau est ou sera accordée ou attribuée. Enfin celui qui empêchera que l'eau en jaillisse, ne soit distribuée, divisée dans les châteaux d'eau, envoyée dans les réservoirs, qu'il soit condamné à cent mille sesterces d'amende envers le peuple romain ; et celui qui, sans mauvaise intention, aurait fait à l'insu de l'administrateur, quelques-unes de ces choses, qu'il soit condamné à refaire, rétablir, reconstruire, replacer sur-le-champ ce qu'il a dérangé, ou à démolir ce qu'il a fait. Ainsi quiconque est ou sera administrateur des eaux, ou, à son défaut, le préteur chargé de juger les différends entre les citoyens et les étrangers, est autorisé à prononcer l'amende, la tradition des gages ou la contrainte personnelle. Or le droit et la faculté de prononcer l'amende, de percevoir les gages, ou d'ordonner la contrainte personnelle, appartiendrait à l'administrateur des eaux, ou, dans son absence au préteur. S'il arrive qu'un esclave cause quelqu'un de ces dommages, son maître payera cent mille sesterces[1] au profit du peuple romain. Si quelqu'un forme une clôture auprès des canaux, des conduits souterrains, des voûtes, des tuyaux, des châteaux d'eau, ou des réservoirs dépendants des eaux publiques qui sont ou seront conduites, à l'avenir, dans la ville de Rome, à l'exception de ce qui sera autorisé par cette loi, il ne pourra rien opposer, ni construire, ni obstruer, ni planter, ni établir, ni poser, ni placer, ni labourer, ni semer, ni rien faire de ce qui est défendu par la loi dans l'espace qui doit rester libre, à moins que ce ne soit pour le rétablissement des aqueducs. Tout contrevenant à cette loi éprouvera contre lui le recours de cette même loi établie pour la garantie commune aux intérêts publics et particuliers... Ainsi il sera tenu de rétablir les choses endommagées dans l'état où elles étaient et comme elles doivent être... Si, au mépris de cette loi, quelqu'un venait à rompre ou percer un canal, un conduit souterrain, ou seulement faire paître l'herbe, couper le foin dans le lieu où ils se trouvent... Les administrateurs des eaux publiques actuellement en exercice, et ceux qui le seront à l'avenir, auront soin de ne souffrir aux environs des sources, des voûtes, murs, canaux et conduits souterrains, aucuns enclos, arbres, vignes,

[1] Le sesterce, à cette époque, valait 23 centimes de notre monnaie actuelle ; les 100 000 sesterces répondent à 23 000 francs.

buissons, haies, murs de clôture, plantations de saules, ni de roseaux; ils sont autorisés à faire enlever, arracher, déraciner ceux qui s'y trouvent, en se renfermant avec équité dans le texte de la loi, qui leur donne le droit et le pouvoir de prononcer l'amende, de recevoir des gages, et d'ordonner la contrainte personnelle... Quant aux vignes et aux arbres renfermés dans les métairies, les édifices..., ou murs de clôture que les administrateurs des eaux ont reconnus n'être pas dans le cas d'être démolis, il faudra que la permission de les conserver soit inscrite et gravée sur ces clôtures, ainsi que les noms des administrateurs qui les ont accordées.

Par cette loi, il n'est point dérogé aux permissions données par les administrateurs, à qui que ce soit, de prendre ou de puiser de l'eau dans les fontaines, canaux ou conduits souterrains, pourvu qu'on n'y emploie ni roue, ni calice, ni machine, que l'on ne creuse aucun puits, et qu'on ne perce aucune nouvelle ouverture.

TABLE DES MATIÈRES

ESSAI SUR LES AQUEDUCS ROMAINS

ERRATA

Page 47, ligne 12, *au lieu de :* elle avait été construit, *lisez :* elle avait été construite.
Page 49, ligne 7, *au lieu de :* Sabiaco, *lisez :* Subiaco.
Page 77, ligne 7, *au lieu de :* κοιλία, *lisez :* κοιλίαν.
Page 147, ligne 9, *au lieu de :* Virgine, *lisez :* Vergine.
Page 161, ligne 9, *au lieu de :* qu'il me répond, *lisez :* qu'il me répondit.
Page 163, ligne 5 de la note, *au lieu de :* sunt remota, *lisez :* sunt remotæ.
Page 174, ligne 26, *au lieu de :* Ascaltina, *lisez :* Alsietina
Page 213, ligne 26, *au lieu de :* les piedroits, *lisez :* les pieds-droits.

PARIS. — IMP. SIMON RAÇON ET COMP., RUE D'ERFURTH, 1

www.ingramcontent.com/pod-product-compliance
Ingram Content Group UK Ltd.
Pitfield, Milton Keynes, MK11 3LW, UK
UKHW020240180726
13839UKWH00001B/79